可笑的思维谬误：批判性思考与查错神经

冀剑制　著

中国人民大学出版社
·北京·

一个错误的思考会造成一个错误的行动，一个错误的行动则会造成一个生命中的遗憾。为了避免这种遗憾，我们需要强化“查错神经”。

查错神经指的是检查错误思考与推理的敏感神经。它的敏锐度越高，在日常生活中发现可疑信息的机会就越大。当一个思想陷阱出现时，查错神经会在你心中制造一种“怪怪的”感觉。如果你正视这样的感觉信号，它将会引导你避开错误的抉择。

目　录

第1章　发现查错神经

上天赋予人们强大的思考与逻辑推理能力，人类借此创立了许多傲人的思想和不可思议的理论。尤其在挣脱了很多思想禁锢的当代世界，人类开始在未开发的思维世界探险，新的理论与想法如雨后春笋般不断地涌现。然而，这些思想通常必须在历经千锤百炼之后才能开始发光发热。大多数时候，当人们处于自由自在、自然而然的思考状态时，会产生一些不易发现的漏洞和错误。这些错误可能无关紧要，也可能仅仅闹个小笑话，但也可能导致一个人偏差的行为，甚至极端的做法。在不知不觉中，一个轻率的错误推理也许会造成不当投资而损失大量财产，甚至可能产生有害的观念而危及自己与他人的生命。

其实，人类还有一种特殊的感知能力，这样的能力非常有用。只要我们常常和它接触、学着去感受它，它就会在我们的思想中建构一道防火墙，避免我们踩上危险的红线。这种特殊的感知能力可以称为“查错神经”。当我们听到别人说一段话时，我们心中可能会产生一种“怪怪的”感觉。这种感觉会让我们产生怀疑，自然会去寻找其有问题的推理与证据。这也就是“查错神经”在日常生活中的运作模式。

举一个很简单的数学例子来说，假设某商店为小学生举办“数学运算”大特卖，只要算出铅笔和橡皮擦的价钱就可以以该便宜的价格购买。现在已知：一支铅笔和一个橡皮加起来总共 1.1 元，铅笔比橡皮多 1 元。请问：铅笔与橡皮各多少钱?

这时，你可能会有一个快速的心算解答，也就是“铅笔 1 元，橡皮 0.1 元”。但是当这个计算结果在你的心中浮现的那一瞬间，你可能会产生一种怪怪的感觉，提醒你事情似乎没这么简单。如果你这时忽略这种感觉，那么你就自然而然地踏上了一条错误的思考路线。但是如果你正视它，你自然就会把几乎要脱口而出的解答暂时吞回去，然后再去检查一下。一个很简单的检查过程会让你发现 1 减掉 0.1 并不等于 1，因此，你便知道这个直觉的答案事实上是一种误导，而真正的答案必须要你小心地计算。

虽然思想在某种程度上是可以计算的，但是思想通常很复杂，并不像基本算术一样这么好计算，而且由于大多数人并没有学习过如何计算思想，即使这种怪怪的感觉已经出现，我们也无法找出错误的地方以及正确的解答。所以，有时你会遇到这样一种情况，感觉别人说的明明不对，但你就是无法反驳他。在这种情况发生时，别怀疑，别丧失自信，因为你正确而他错误的机会非常高，但你必须先学会如何寻找错处，才能确认自己直觉的正确性。

因此就查错能力的锻炼而言，我们需要两种特别的能力：第一是强化这种查错神经的敏感度，第二是学习如何计算思想，这也就是所谓的“逻辑”。而事实上，当我们学会计算思想而且熟练到像是做基本算术一般可以心算的时候，我们的查错神经的敏感度也同时会大幅提升。

在日常生活中，有很多似是而非的错误推理与想法，我们称之为“谬误”，而我们的自然而然的思考能力实际上是不太能够应付这些谬误的。或许你能够发现某几种推理上的问题，但你又如何能够知道究竟有多少种类的谬误骗了你而永远没有被你发现呢？一个人的查错神经的敏感度越高，就越不容易被谬误带着走，也就越不容易由于别人或是自己的错误推理导致错误的抉择而遭受重大损失。当我们的查错神经不够敏锐时，我们就容易被误导而产生错误推理进而受骗。

举例来说，几年前有杂志刊登了一个针对某地区成人曾经有过的性伴侣数量的问卷调查，男性的性伴侣数量平均为 7，女性为 3，这个数据意味着什么呢？当时杂志的解读是："数据证明还是男性比较花心"。

这个结论看起来还蛮有道理的，不是吗？如果我们只是自然而然地思考、自然而然地消化所获得的信息，那么我们就很简单地吸收了一个不良信息。为什么说这是一个不良信息呢？我在为男人打抱不平吗？还是我不认为男人比较花心？都不是。问题在于，我们获得这个结论所依据的统计问卷本身就有问题。那么，问题在哪里？

假设这个问卷调查数据真的是问卷的数据，并不是造假的，那么我们该如何解读呢？如果你的查错神经够敏锐，那么你应该会对这些数据产生一种怪怪的感觉。依循着这种感觉前进，你会发现一个疑点：除非将同性恋考虑进去（但该杂志是针对异性的统计），否则男女性伴侣的数量应该是相同的。因为每一人次的性行为都必须有一男一女，当每一个男性多了一个性伴侣时，必然就有一个女性多了一个性伴侣，所以性伴侣的总数或平均数应该是相同的。问卷产生出不同的数据的可能性当然有，但当我们考虑到这个问题时，我们必须有不同的解读。当你发现这个疑点的时候，就可以开始进一步的思考。

首先，我们可以想到的解读是："女人说谎"。女人即使是在做问卷时也可能怕她过去的性史被揭发，因此她们倾向于选择比较保守的数字。当然，这不是唯一的解读，另一个解读是：“男人说谎”。男人有时会互相比较谁的性伴侣较多，而以多取胜，越多的人就显得越神气，表示自己很能干，很了不起。因此男人倾向于夸大自己的性伴侣数量，平时说谎说惯了，当然问卷也不会说实话，否则不小心被看到揭穿了就糗了。其他的解读也有，例如，“男女都说谎”。都说谎的可能性还包括男女都讲少了自己的性伴侣数量，只不过女性减得比较多。或者男女都夸大数量，但男人夸大更多。这些解读都有其可能性，当然，也还有许多其他可能的解读。

在这个例子中，后半段的分析与思考事实上是比较容易的，大多数人都有思考能力可以做这样的假设与分析，问题在于，一开始发觉问题所需的查错神经未必人人都足够敏锐。事实上，如果未经特别的训练，或没有相当的天赋的话，大多数人不易发觉问题。当问题在日常生活中出现的时候，大部分会在我们自然而然的思考中溜走，溜得无影无踪。我们可能丝毫没有意识到问题已经产生了，直到有一天问题变大时才会发现它的存在。如果问题没有变大，那么我们可能永远不知道它曾经存在过。

事实上，大多数的问题是无关紧要的，溜了就溜了，没什么大不了的。错过一个你喜欢的人给你的一点暗示，或是你误解了某个人的某个行为而导致决裂，或是一个错误的思考导致某种经济损失……从一种乐观的心态来看，这些或许没什么大不了的，并不是每一个问题都会带来大灾难。错过一段恋情或许会有些遗憾，失去一个朋友或许会有些伤感，损失一些财产或许会不开心，但生活仍然可以过得好好的。但是在人的一生中，只要有一个会带来大灾难的问题被我们提早发现并且提早解决，那么训练这种查错神经的敏感度就有其非凡的价值。

当我们愿意选择不自然而然的思考时，我们等于开始学习使用一种敏锐的眼光，这样的眼光将增强我们察觉错误的能力。而这本书的目的就在于着重训练你的查错神经——检查错误的思考能力。

首先，我们可以很清楚地提出一个大多数人都没有发现的问题。多数人都觉得自己的思考没什么问题，顶多是思考能力不足，但基本上不会有什么错误。当你开始翻阅这本书的时候，通常不会是因为感到自己的思考常常出错，而可能是希望增强思考能力并借此想到很多更了不起的东西。但是我们目前可以做一个简单的推理来告诉你，你的思考可能很有问题。

第一个推理步骤：除非已经接受了高度的查错神经训练，否则没有一个人会认为自己常常有错误思考。为什么呢？道理很简单，因为如果一个人根本没有能力发现自己的错误思考，那么他就不会认为自己的思考有任何错误。而如果一个人只是偶尔发现自己有错误思考，那么他就会去改变已发现的错误，如此一来，他就能够更确信自己其他的思考。所以他也不会觉得自己的思考有错误。也就是说，当你对自己的思考很有信心时，你可能处在这两者中的其中一个。换句话说，觉得自己思考不会有错的一个可能性是因为自己根本看不到其错处。当然，另一个可能性就是你这个人的思考能力真的很强，几乎没有你发现不了的错误，或是你真的不会有错误思考，但是这种情况的发生概率真的非常低。因为根据当代心理学与认知科学的研究发现，人天生的思考形态就是很容易犯错的。所以未经特殊训练就已具备敏感的查错神经几乎是不可能的事情。

第二个推理步骤：我们可以发现在这个社会，绝大多数的人都觉得自己的思考没有错误，反而觉得跟自己想法对立的其他人的思考是错误的。这样的情况最容易出现在支持不同政治人物以及不同政党的人的想法中，当社会上出现有争议性的事件时也会出现类似的情况，甚至在（照理说）思考能力应该很强的学术界也不断出现。而这个现象也像前面提到的性伴侣数量统计资料一样，是一个很不协调的状态。当出现这种状态时，我们可以分析说，这些人的思考不可能都是对的，一定有人是错的，并且由于两边不同立场的人数都很多，而且往往人数相当，因此我们可以推算，大约有一半的人是错的而不自知，也就是说，有一半的人认为自己的思考是正确的但实际上却是错误的。那么以此推理，当你有一些坚持与主张，而且觉得自己的思考是正确的，但又无法说服别人的时候，你的想法大约有一半的概率是错误的。这样的情况有没有令你产生一点危机感呢？

第三个推理步骤：当争议出现时，两边的人的反应都很像，对自己的思考的自信程度也都很类似，思考形态也大同小异，而且似乎没有任何一方可以说服另一方，从这样的情况来看，我们可以推测，他们的思考应该是类似的。如果是正确的，大概就都是对的；如果是错误的，大概就全是错的。依据前面我们已经讨论过的，“他们不可能全是对的”，那么我们可以很简单地推理出一个结论：“这些对自己的思考很有信心的人的思考过程全是错误的”。

这真是一个有点吓人的结论。当然，你可能在这整个推理中是例外。但与其假设自己是例外，倒不如先假设自己就是一个尚未真正具有敏锐的查错神经的人。万一未来有一天，你发现这个假设是错的，对你没有任何损失，但如果你的假设是对的，那么这本书或许可以对你未来的人生产生很大的影响。

在训练课程开始之前，我们可以先简单测试一下自己的查错神经敏感度如何。看看这个网络产品广告有没有什么让你觉得怪怪的、可疑的地方：

近年来天灾人祸不断，这让我们想起几个重大的宗教预言，“世界末日之前会有许多天灾人祸”。没错，可以看出，末日是快来了，但大家无须恐慌，必须开始有所准备。无论是心境的转变还是生活细节的变化，都必须有所努力。本公司为了这样的时代改变特别提出了整套的生活调节办法。

首先，我们必须禁止杀生，所有食物必须来自没有血腥污染的地方，没有农药毒杀昆虫，否则我们的食物将不仅仅污染我们的身体，也会污染我们的心灵。也因为我们的身、心、灵是一体的，食物的营养调配必须能够让心境平和，去除暴戾之气。本公司产品由美国知名大学博士黄天调配而成，黄天博士在国内时就曾获得十大年度发明奖，而在美国也以外国人的身份获得美国多项重要的优良产品大奖。这一次他精心调配出了有助于整体调节身、心、灵的重要产品。产品理念源自东方的传统哲学观，其观点也愈来愈受到国际的重视。在畅销书《意识的歧路》

中可以看出连一向只从身体器官看人的西方医学界几位重要的著名学者也开始学习东方身、心、灵合一的思想，所以当今医学的脚步是逐渐迈向身、心、灵统合的，而这也让兼具东方灵魂和西方科技知识的黄天博士成为重要的代表人物。

为了目前时代的需求，黄天博士特别调配出新式的“排毒净心养生粉”。只要每天早上一包就已足够，三天之后便会发现效果。目前由于效果奇佳，已经广受欢迎，生产线不断扩建，但仍有供不应求的现象。请不要等到没货时才开始订，我们无法预测到时要等多久，所以订购请快。人必须适当关心自己的健康，千万别太过忽略身体的警报。

这篇网络广告乍看起来还蛮有道理的，推理也很顺畅，但是请启动你的查错神经，用一种严苛的态度来省思它，看看有哪些地方让你的查错神经发出“怪怪的”感觉的警报。当出现这种警报时，不要轻易放过，停下来多加思考，看看是否能够找出有问题的推理与说法。不限时间，你愿意花多少时间就花多少时间，花的时间越多，查错神经敏感度的提升可能就会越多。等到无法再找出任何问题了，可以参考下面的分析。一个具备高级查错神经的人可能会发现如下叙述有可疑之处：

第一，从“世界末日之前会有许多天灾人祸”无法推理出“许多天灾人祸之后就会有世界末日”。这是犯了一种逻辑“形式”的谬误，当 P→Q 成立时，Q→P 不必然会成立。

第二，“美国知名大学博士”——既然是知名大学，通常会写出大学的名字，这样会更有广告效果，没写是很可疑的。有可能根本就没名，但由于知名不知名的界定是很模糊的，这可以避开不实广告之嫌。另外，他拿的是什么样的博士学位？为什么不说清楚呢？

第三，“十大年度发明奖”——有这个奖吗？你一定没听过。当然，你没听过的奖很多，没听过不表示没有，但有一点要注意，一个奖项除非特别有名，比如诺贝尔奖、普利策奖等一听就知道是什么奖项，否则通常不会只写奖项名称，至少会有主办单位或其他相关名称，例如“内政部的十大发明奖”之类的。当一个奖项名称没听说过而且又没有标示主办单位时就该怀疑了，因为有可能根本没这个奖，或只是一家小公司自己主办自己颁发的奖项。就像很多茶叶号称是冠军茶，就算真的得过这个奖，也说不定只是自己办的比赛。如果是这样，那么这种奖项根本没有什么意义。

第四，“获得美国多项重要的优良产品大奖”——同上，没写出奖项名称很可疑。

第五，“在畅销书《意识的歧路》中可以看出连一向只从身体器官看人的西方医学界几位重要的著名学者也开始学习东方身、心、灵合一的思想，所以当今医学的脚步是逐渐迈向身、心、灵统合的”，这个推理犯了“以偏概全”的谬误，从几位著名学者推理到当今医学。

第六，“西方医学界几位重要的著名学者”——谁？为何不说名字？这也是一个可疑的地方，但这个疑点较弱，因为既然列了书名就较易查证，而且即使说出人名，大多数人也不认识，所以有其不说的理由。

第七，凡是要人赶快做决定的常常都会有问题。既然货已经供不应求了，为什么还要打广告要人赶快订购呢？

第八，“人必须适当关心自己的健康，千万别太过忽略身体的警报”，这种类型的话听起来很有说服力，但却是废话，无法传递有意义的信息。

第九，还有其他许多跟知识有关的疑点，但这些疑点需要具有某种程度的知识才能发现。例如：针对《意识的歧路》的相关描述是正确的吗？东方传统哲学观真的是身、心、灵合一的观点吗？何谓血腥污染？真有这种污染吗？被血腥污染的食物真的会污染心灵吗？

以上这些疑点，你发现了多少？如果你大都发现了，甚至发现了更多，那么你已经拥有高级的查错神经了。在这样的情况下，这本书对你查错神经的锻炼所能提供的帮助可能非常少，或者无法有所帮助，但如果你有兴趣帮助别人锻炼查错神经，那么可以考虑将这本书当作一份有益的参考材料。

如果你发现的问题大约只有上面提到的一半，那么你有着中级查错神经，你应该已经能在日常生活中发现不少谬误，而如果你过去未曾受过相关的查错神经训练，那么你的敏感神经应该算是很有天分的那种，这本书会让你快速提升到高级阶段。

然而如果你只找到少数几个问题，那么你目前的查错神经属于初级阶段。这表示你过去在检查错误方面并没有好好努力过，还是处于自然而然的思考状态。如果你希望开始启动你的查错神经，这本书是可以帮助你的。

另外，如果你是那种几乎完全无法在上面的广告中发现任何可疑之处的人，那么你应该是个对人、对事习惯性保持信赖的人。这样的人天真烂漫，个性会受到大家的喜欢，人缘很好，但是非常容易受骗。你可以考虑继续保持这种轻信的态度，但一定要有好朋友随时在你身旁提醒你注意不要受骗。或者，你也可以考虑开始训练自己的怀疑心。而事实上，锻炼查错神经的同时，一样能够保持天真烂漫的性格。人可以选择性地怀疑，或是直到必要时才开始怀疑。也就是说，在日常生活中，大多数的时候我们对一切人、事保持信任，人家说什么我们就相信什么，直到有可疑的状况出现时，查错神经才会自动启动而避免受骗。这应该就是高度信赖与高度怀疑同时并存的查错神经最高境界了。

第2章　初级查错神经：常见谬误的辨识力训练

在日常生活中，有很多似是而非的推理，以及许多看似有理其实毫无意义的说辞，我们可以通称这些为“谬误”。谬误在我们的生活中以各种面貌呈现，我们很难一个一个地去了解与避免。但是这些谬误中有相当一部分是可以被简单归类的，只要我们能够把握这些谬误的特征，就不用担心它们出现在日常生活中，因为在它们出现的瞬间就能立刻捕捉到。如此一来，查错神经的敏感度就会大幅提升。所以锻炼这种神经的第一个方法就是学习辨识各种谬误。

为了方便记忆，我们给每种谬误一个名称。这个名称最好能让我们直接联想到它错误的地方，这样，我们只要记得名称就记得了如何去辨识这类谬误，从而在最短的时间里提升检查谬误的能力。现在市面上有不少谈论谬误问题的书籍，这些书籍对谬误的分类与命名可能和本书有所不同。事实上，各种分类和名称只是方便我们辨识谬误。如果你已经习惯其他分类方法或是名称，那么没有必要去改变。而一个错误推理也可能同时符合一个以上的谬误分类，这也无关紧要，因为我们可以从不同的角度发现不同的谬误形态，重要的是我们要能够发现它是个谬误。

简单地说，谬误就是推理上的错误，尤其是那些看似正确但实际上是错误的推理。这种推理最容易欺骗一个人，一旦落入谬误的思考陷阱，人们就很可能误信一些有害的想法，而这类想法可能导致错误的行动抉择。例如，某个善良的路人看你喝醉酒在马路边走路摇摇晃晃，好心告诉你："当心点。"你听了以后把这句话解读成像是具有"你给我小心一点"这样的威胁意图，然后你非常生气，而且由于醉酒自我控制能力很差，因此你就过去揍了他。无论结果如何，这都是一个错误的抉择。

在日常生活中，误解的发生真的非常容易。有些人喜欢使用艺术化的表达方式来展现自己的幽默感而忽视语言的精确性，有些人表达能力不好，有些人根本搞不清楚自己内心在想什么，有些人理解能力很差，而更麻烦的是，我们用以沟通的语言本身就难以完全表达我们内心的想法，因此容易导致误解。每一个人在日常生活中不知曾经有过多少对别人的误解，有些或许事后解开了，但那些没有解开的事情必然更多，至少应该有十倍以上。如果没有好好去想，我们不会知道事实上自己经常在误解别人。试着现在想想你有没有讨厌某人，再试着想想你为什么讨厌他，有没有可能是误解？你的理由充分吗？如果你真的能够认真思考，甚至想办法否定自己的推理，你或许会发现你现在正误解着别人呢。

谬误导致许多日常生活中的错误想法或推理，有些甚至已经牢牢扎根在我们的思想之中。例如，我们常常使用因果关联来解释事物，而这些因果关联可能是错的。比方说，平时小明都睡到中午才起床，有一天他一早起床出去玩，到了下午感觉到头痛，由于这一天中最特殊的事情就是早起和头痛，因此小明自然而然地认为早起导致头痛，所以推论自己不适合早起，因为早起就会头痛。再比如，某人生病后到庙里上个香，不久病就好了，于是推论那个庙很灵。

类似这样的思考形态在动物中也存在。例如，如果给老鼠吃含有泻药的香蕉，老鼠泻肚子后一段时间不会再吃香蕉。但是如果在吃了有泻药的香蕉之后马上给它吃玉米，那么老鼠泻肚子后一段时间不会再吃玉米，但会继续吃香蕉。在老鼠的思考中，它总是将病痛联结到与发作时间最近的食物。如果你第二次实验将玉米改成饼干，老鼠也不会再吃饼干，但仍旧不会怀疑到香蕉头上。换别的食物再做第三、第四甚至更多次实验，它仍旧会认为香蕉没问题而继续吃。

我们会觉得老鼠很笨，难道在这么多次停吃某些食物之后无效还不会怀疑香蕉有问题吗？这样看来，人类在这方面要聪明得多，不过我们其实也好不到哪里去。许多人每次考试失败后都觉得自己运气不好或是能力不足，很少有人去怀疑自己的学习方法是不是有问题，而学习方法或许才是真正决定一个人考试优劣的因素。有些人一生不顺，总觉得自己遇人不淑，在不断与人绝交之后，仍旧不会去怀疑自己的做人处世方式是否有问题。我们经常陷入一种思维的框框中跳不出来，就像老鼠总是将泻肚子和最近吃的食物关联起来一样。这或许是老鼠的先天局限，但人类不同。当我们开始去怀疑，开始用更细致的思考去批判自己的想法与推理时，我们将能避免许多的错误。

前面几个例子对于正好深陷那种思考陷阱中的人，或许有当头棒喝的效果。接下来，我们会把人们在思考中常犯的各种谬误一一列举与说明，以帮助大家发现它们。我们会给每种谬误一个名称，一来方便讨论，二来有助于记忆，进而去发现这些谬误对我们日常生活推理的影响。

不过，在此要强调的是，学习查错思考最重要的是要练习、反思，回到日常生活中去寻找谬误，尤其是自己所犯的谬误。这真的很困难，但是若能跳脱一些思维局限和自我防卫性的思考障碍，我们思考的自由度将进一步扩大，生活与事业上的各种可能性也进而增加。

事实上，谬误的辨识并不难，比较难的是有一个开放的心态。当我们的内心不由自主地想要否认自己的谬误时，谬误的辨识只会变成一种寻找别人错误的知识而不是一种自我反思的能力。这样一来，我们很难真的在日常生活中学会查找自己的错误推理与想法。特别是许多谬误已经根深蒂固地存在于我们的思想之中，包括认为“思想中有谬误是件丢脸的事情”，以及相信“我的思考并没什么问题”。所以，我们可能会下意识地不愿意面对自己可能犯下的错误。这是非常可惜的。

而且“思想中有谬误”根本就是人类思考的天性，即使是最强的思考者也一定会在日常生活中不断制造谬误。问题并不在于会不会有谬误，而是在于当它们出现时我们是否有能力发现。举例来说，假设你很讨厌一个人是因为某个思考谬误所造成的，如果你不知道这是一种错误，那么你就会很执着地甚至钻牛角尖式地讨厌他，这会给你带来更大的麻烦。但是如果你检查到这是谬误的作用，那么你依然可以选择继续去讨厌他，只要你觉得这样很开心；反过来，如果你并未因此开心，你就可以较为容易地放弃先前的心态。

对谬误的思考有时会让我们生活得开心一些，即使你知道那是谬误。例如，如果你被迫和你心爱的人分手了，你会自然而然地把那个人想得很差。这样其实很好，这会让你的痛苦减轻一些。即使你自己知道这些想法可能是错的，但如果可以让你感觉好受一点的话，那么就继续保持这种错误的想法吧。但是万一你无法认识到这些想法来自于错误的思考，你说不定会认为自己站在正义的一方而采取一些惩罚行动，而这可能会导致无法弥补的后果。因此我们不怕思想中出现谬误，怕的是出现谬误时我们还不知道。

查错神经的锻炼并不是要我们绝对避免错误的思考，事实上这也是不可能的，所以我们不必担心发现自己的谬误。最重要的是训练一个检查错误的敏感神经。当谬误出现的瞬间，我们可以立刻捕捉到。至于捕捉到后该怎么处理，这就随你高兴了。

本章首先列出十几种比较容易理解和记忆的谬误来说明与练习，较难的谬误以及分析技巧将在中级与高级查错神经训练的章节中再谈。而一些在日常生活中不太容易遇到的谬误类型，由于对查错神经的锻炼帮助不大，本着注重实用性和避免过于复杂的原则，这些谬误类型就不列入本书的讨论范围了。

一、“把合理当正确”的谬误

“由于科学有神奇的功用，科学家们逐渐养成自大的心态来面对未知的事物，尤其对于目前科学尚不能证明的事物，如对气功、灵媒的证据视而不见，以致这些方面进步缓慢，或许要等到科学家们不再排斥这些超自然现象时，真正的科学才能更进一步发展。”

上面的说法听起来很“合理”，我们如果原本就相信有这些超自然现象，那么很快就会接受这个说法，并把它当作“正确”的说法。也就是说，当我们听到一个“合理”的推论时，常常会将其当作“正确”的，这是一种错误的思考。虽然合理的说法比不合理的说法更可信，但是合理的说法与正确的说法之间仍有很大的距离。正确的说法只会有一个，但合理的说法可能有无限多个。

卡通《名侦探柯南》里有一句著名的话：“真相永远只有一个”。真相的确只有一个，但合理的推测却有很多个。柯南在做推论时，常常把一个合理的推论当作真相，而这就犯了“把合理当正确”的谬误。

当你看这个卡通时，如果听完柯南的推理后产生一种怪怪的感觉，那么这表示你的查错神经运作起来了。循着这个感觉对剧情细节仔细推敲，你自然会发现其说服力常常是不够的，其他可能的解释还有很多，也就是说，找到一个合理的解释并不等于找到了正确的解答。这个谬误大概是我们日常生活中最常见的一种，也是多数人最大的思考问题。

当然，看影片的目的是娱乐，即使自己的查错神经警铃响起，也可以不理会它。这是无所谓的，反正只是剧情嘛，何必这么认真呢？当然，找谬误其实也蛮好玩的，借由找柯南的麻烦得到一些乐趣也无伤大雅。但是，日常生活中的许多事情却不能这么随性。

举例来说，每天在股市收盘之后都会有股市的解读，告诉你为什么今天会涨或是会跌，而这些解说都还蛮合理的，例如，“由于欧美跌所以跟着跌”、“由于某企业董事长或是某政府官员说了某一句话造成大涨”，甚至是“涨太多该休息了”、“跌太多该反弹了”。这些都是合理的解释，但是究竟今天影响股市的主因是什么，其实是很难说的，甚至有没有主因都不一定。

但问题是，我们只要找到了一个合理的解释，就往往容易将之当真，而且还会利用它去预测未来的股市。如果结果与自己的预测有任何类似，就会更肯定这一解释。但如果完全不同，则会去找一个理由解释这种不同，而不是否定自己原本的预测。例如，小王认为，昨天股市涨是因为跟着美国涨，而今天美国股市涨所以预言今天会涨，可是今天却跌了，那么小王可能会认为，那是因为今天某某官员说了某某话造成的，而并不是自己的预测有任何问题。这样一来，自己的合理想法永远都不会被认为是错误的。久而久之，小王就觉得自己是股市专家了。

从这里就可以看出，当一大堆真正的专业股市研究员都在思考股市的变动时，为什么有这么多业余股市研究者能给出很笃定的说法。专家不能把合理的当作正确的，但在自然而然的思考中，业余研究者由于不会受到专业挑战所以能够直接把合理的当正确的而不会发现有问题。

另外，我们在解答某个人成功或者失败的原因、解释某人为什么长命百岁而自己为什么生病等问题的时候，都会直接给出一个合理的解答："因为很用功"，"因为有早起的习惯"，"因为没有贵人相助"，"因为习惯喝茶"，"因为乱吃东西"，等等。这些都是合理的解答，但是正确的答案是什么呢？其实真的很难说。

不要轻易满足于一个合理的解答，否则我们容易错失一个寻找正确解答的机会。当你针对某个问题提出一种解释的时候，或者是当你听到某个人对某个问题提出一种解释的时候，请启动你的查错神经，告诉你自己：这只是一个合理的答案，合理的答案并不等于正确的答案。

在日常生活中，每个人都会通过自己独特的生活经验获得关于生活的知识。这些知识五花八门，应有尽有。例如，以我过去的读书经验，早晨刚起床的时候理解力处于最佳状态，我通常会把平时看不懂的哲学书放在这个时候读，大都有很好的效果。这一认识既是基于深刻的个人体验，也可以合理地解释为，因为刚起床的时候大脑是空白的，任何杂念都还没有出现，这时理解力自然最好。因此我就将之当作是正确的，时间长达一二十年。这一二十年来，每天一起床，我就争分夺秒地把握每一点时间在书桌前读书或写论文，在短短一两个小时内几乎把大脑压榨干，然后再带着这种成就感去完成一天的任务。直到最近不想过这么紧张的生活之后，我才发现，实际上根本不用这么紧张，起床后有些杂念其实也没关系，即使晨间运动过后再开始读书，效果也并没有明显的差别。依据最近的经验，我推断或许只要在大脑专注运作之前开始读书，即使起床好几个小时了，效果可能也不会差太多。如果真是如此，那么实在不用在过去这一二十年间过那么紧张的生活。

在日常生活中，我们有什么新体验、新发现吗？我们有什么通过个人经验获得的合理的知识吗？如果这些知识是自己特有的，跟别人不太一样，那么你可能就要小心是否犯了“把合理当正确”的谬误了。

这个谬误的一个常见的变形是“把合理的传言当正确的事实”。当我们听到一个合理的传言或是小道消息时，由于我们有“无风不起浪”的想法，会自然而然地将其当作正确的。这也是为什么谣言或误传可以造成很大影响的主要原因之一。我们自然而然的思考容易被谣言或误传所影响，特别是当这些传言很合理时，它的作用就更明显。所以当你听到任何传言，尤其是听到有人在你背后说你坏话的传言时，请小心，你的生气会致使你更容易相信这个传言，要提醒自己，即使再合理，它也不一定是正确的，请小心查证。

练习题：找出把合理当正确的地方。

1. 有一天，小王看见小黑盯着漂亮的小兰看，就对小黑说：“想追就去追啊，光看有什么用。”

分析：当一个男人盯着一个漂亮女人看时，很有可能是喜欢她。当一个男人喜欢一个女人时，也很有可能想要和她进一步交往。因此，小王会说出这样的话。不过，虽然小王的推测是合理的，但未必是正确的，因为小黑盯着小兰看说不定是因为发现小兰是他以前的同学，或是发现小兰的鞋是自己很喜欢的某个牌子，等等。虽然小王对小黑行为的解读有很大的可能性，但一个有着高级查错神经的人应该要有一种警觉——这个合理的解释或许是错的。

2. 春娇又一次割腕自杀。小王说："每次都割这么浅怎么死得了，我看她根本就只是要引人注意去关心她而已。"

分析：的确，有人自杀并不是目的而只是引人注意与关心的手段，而这样的人也的确不会割得太用力，因此春娇有可能是这样的人。但是，尽管这样的推测很合理，却未必就是事实。说不定春娇真的很想死，只是缺乏勇气，或是很怕痛，才导致这样的结果。小王这番话如果被春娇听到，说不定会增强她的勇气，下次就会成功了。一个小小的谬误可能导致一个生命的丧失。一个有着高级查错神经的人在面对类似情况时，会意识到有其他可能性存在，然后小心地观察与思考，在确定之前，行事自然会小心一点，而不至于造成永远无法弥补的遗憾。

3. 小王："小黄狗牌宠物食品的公司股票已经连续五次跌到十元左右以后大涨，今天又跌到十元了，我们赶快大量买进吧。"

分析：依据过去的经验推测未来是一个有可能的合理推测，但是同样地，合理的推测未必是正确的推测，要考虑到还有许多其他的可能性，否则说不定会导致重大的财产损失。

下面几题请自行练习。

4. 小王："我上次买的那只股票赚到了一点后我就卖掉了，可是卖了之后就一直涨，这次我绝对不能那么早卖了。"

5. 小绿："学历有什么用，你看有这么多失业的博士。"

6. 小玉："你看，这些纪念品好便宜啊！"

小绿："便宜没好货，还是不要买啦。"

二、"以偏概全"的谬误

当我们见到某种事物的几个个例具有某种特质之后，我们通常会自然而然地推论所有这类事物都具备这种特质。尤其是对不熟悉的事物，特别容易产生这样的推理，而这种错误推理就是"以偏概全"的谬误。例如，如果我们遇见的第一个希腊人很有礼貌，我们就会自然而然地认为"希腊人很有礼貌"。

假设有个叫阿财的人告诉你，某个地方的赌场有个很笨的公子哥，打麻将的功力糟透了，只要跟他对打，赢的机会一定很大。你刚开始不太相信，因为这么好的事情他为什么要来跟你说，为什么不自己去赢钱呢？阿财告诉你因为他的钱太少，赢不了多少，所以找你一起去赌，希望你赢钱的时候分他一些。这个“合理”的解释可能就会打动你，反正去试一试也无妨。如果你了解了上面的“把合理当正确”的谬误，这时你会更小心，说不定阿财和赌场是一起设局骗你的。所以一开始你玩的很小，可你渐渐发现那个公子哥真的很不会打牌，于是你赢了钱，第二天再去也是如此。这时，你内心自然而然地产生一种直觉——以后再去也还是会像那两天一样赢钱。这个推理就犯了“以偏概全”的谬误：那两天是“偏”，未来每天则是“全”，以“偏”的赢钱去涵盖“全”都会赢钱是错误的推理。虽然错误的推理未必产生错误的结论，未来每天都赢钱的机会的确是有的，但是未必能保证一定如此。

第三天，你带了大把钞票打算好好赢一次大的，然后就不再玩了。可是，第三天就不太一样了。虽然那个公子哥的牌技依然很糟，但不知为什么他的牌运特别好，把你的大把钞票都赢光了。这时，阿财跟你说他碰巧今天牌运奇佳，真是倒霉，不过没关系，谁也不能天天过年，明天赢回来就好了。因此你隔天又去大赌一番，结果又输光了。一天又一天，直到你忍痛放弃翻本或是输光了钱之后，那个公子哥才会停止“牌运奇佳”，而你也才会意识到这整个事件的另一种解释——你被骗了。

以偏概全是人类自然而然的一种思考方法，也是让诈骗集团有机可乘的思考方式。而且除了诈骗之外，这种“以偏概全”的谬误在日常生活中可以说是屡见不鲜。这种谬误之所以很难被察觉，是因为它的论证确实有证据支撑，但问题在于证据不足。当今世界上的很多地方都有许多所谓的种族歧视、族群歧视或是性别歧视，造成这些歧视的主要思考方法之一也正是“以偏概全”的谬误。

例如，近年来台湾地区有一些族群歧视，这些族群歧视将人区分为南部人与北部人、“泛蓝”与“泛绿”、本省人与外省人。许多外省人支持“泛蓝”候选人，因此出现一个名词叫作“外省铁票”或者“眷村铁票”，言下之意是不会跑掉的票。但事实上，这样的词汇有很大的误导作用，好像所有外省人都会选“泛蓝”一样，这就犯了“以偏概全”的谬误。事实上，支持“泛绿”的外省人还是大有人在的。但是当我们尚未意识到这个谬误时，就可能由这个区分产生某种歧视。例如，小李是积极支持“泛绿”的人，他觉得“泛蓝”候选人都是不称职的，所以当他看到外省人时就会有偏见和不满，认为他们是在帮助不负责任的政治派系。

另外，许多人认为客家人很节俭，也的确有很多事例可以说明某些客家人很节俭。而从另一个角度来看，节俭会被理解成小气，因而有些人认为客家人都很小气。当他们有一天认识一个客家人时，就会先将“小气”这个标签贴在对方身上。这种思维方法就深深受到“以偏概全”的谬误的影响。只要我们尝试去找反例，发现许多客家人好客、大方的一面，这样的误解很快就会消除。

除此之外，以偏概全的思考会产生很多刻板的印象，比如“名牌大学的学生都很自大”，“男生都爱面子”，“老师都喜欢学生问问题”，“双鱼座的人都很浪漫”，等等。我们很容易用这些刻板的印象去思考，然后自然地用这些属性去理解别人从而产生错误。

又如，一些人做生意或投资失败也是源于以偏概全的思考。有人看见一些汽车旅馆生意很好就以为开汽车旅馆会赚大钱，看见一些泡沫红茶店人气很旺就觉得开泡沫红茶店生意一定会好，等到自己开了之后才发现根本不是这么一回事，而且在有这样的认知之后才会发现其实很多汽车旅馆都没什么生意，很多泡沫红茶店也没什么客人，而过去之所以没发现是因为这些冷清的店家通常不太会吸引自己的目光。

而在股市投资方面，也常常会有一些公式出现，比如“当你想要卖的时候就是要涨的时候，当你想要买的时候就是要跌的时候”。类似这种公式也隐藏着以偏概全的思维。在许多人买股票的经验中，可能有几次卖了以后就涨，或者买了以后就跌。这样的经验我们通常会记忆深刻，而这些记忆就容易被无限推广成这样的公式。但实际上，如果仔细去分析，买了以后涨和卖了以后跌的情况其实也很多。这种公式是一种错误推理，如果不小心依据它们去投资，就可能会很糟糕。

在身体健康方面，人们也经常会有以偏概全的错误思考。例如，之前我读到一篇医学报道谈到微笑可以增强免疫功能，而且就算只有微笑的表情动作没有真的想笑也一样有益，所以我就想试试看。在我每天开车一小时去学校的路上（反正没人看我），我就尽量保持微笑的表情，结果发现真的有神奇的功能，我身体上的一些小毛病渐渐少了。之后我就花更多的时间保持微笑，发现这样一来，人确实比较容易放松，较少生病，之前容易头痛的问题也不存在了，精神也好了。我像是突然发现了一个健康秘诀——“原来保持健康就是要微笑”。其实这一推理就推出了问题，如果仔细研究，微笑的动作或许真的可以增强免疫功能、使肌肉放松，而与这些相关的疾病都能够减轻或消除，但是对于跟这些无关的身体不适或者较为严重的疾病，就没有什么作用了。只不过人们总是喜欢将一个对健康确有帮助的发现当作健康秘诀，而“健康秘诀”自然指对解决所有健康问题都有帮助的东西，甚至被当作万灵丹来看待。这就是一个“以偏概全”的谬误。类似的想法在很多人的心里根深蒂固，有些人把吃素当成健康秘诀，有些人认为健康秘诀是气功，或是某种植物如人参、灵芝，也有些人认为是早睡早起或心灵放松，等等。这些事物或许都对健康有益，但都只是针对某个方面，而不太可能是全面的。如果当成万灵丹来用，就容易忽略身体其他方面的问题和保养。因此，这样的思想错误是危险的。

又如，有些人曾经在酒后开车平安到家，就认为自己酒驾没问题，只要小心点就好，这也是“以偏概全”的谬误。喝酒会让反应变慢，原本可以处理的突发状况变得无法处理。当然，酒驾并不一定会出事，只是出事的概率增加好几十倍而已。说不定有人运气好或喝酒较少，酒驾了好几十次都没事，但这并不影响事故率提高的事实。而以偏概全的推理可能导致某些人认为喝再多酒也不会有问题，但实际上，喝得越多出事的概率就越高，这种错误推理会让人酒驾到出事为止才发现自己的思考有问题。

如上所述，许多以偏概全的思考方法是不当的，但是也有一些被逻辑所允许的以偏概全的推论，我们称之为“归纳法”。例如，我们可以从许多观察证据发现乌鸦都是黑色的，因此推理出“所有的乌鸦都是黑色的”。归纳法事实上就是一种以偏概全的思考方法，但是我们不称它为谬误。虽然我们一样不能保证归纳法一定得出正确的结论，但它与“以偏概全”的谬误有一些差别，主要在于思考的严谨度。例如，如果我们希望由归纳法得出“双鱼座的人都是浪漫的”，那么我们必须先给“浪漫”一个可以衡量的定义或标准，比方说，“如果一个男人会想要买花送女友，或者在没有特殊理由的情况下带她去吃法国大餐，那么他就是一个浪漫的男人”。当然，这个定义不一定好，但只要有一个类似的可以用来衡量的定义为基础，然后我们发现所有被观察的双鱼座男人都符合，就可以用归纳法得出“双鱼座的男人都很浪漫”。

归纳法属于比较科学的以偏概全，我们所说的“以偏概全”的谬误专指那些推理较为草率的归纳法应用。例如，如果只观察两三个双鱼座男人就推出双鱼座男人如何如何，这就犯了以偏概全的错误。

因此当你的想法中出现“大家都”、“全部”等字眼时，请动用你的查错神经，因为说不定“以偏概全”的谬误正在形成。我们不怕出错，因为这几乎是无法避免的，所以也没什么可觉得丢脸的。没有人的思考永远不会出错，但是我们怕的是关系重大的谬误出现时被忽略了，因为这不知会带来什么样的灾难。

练习题：找出以偏概全的地方。

1. 小兰：“溪头实在是个非常好玩的地方。前几天和家人一起去，全家老老少少都喜欢那个地方。你们大家都应该去玩玩。”

分析：在这个推论中隐含着“其他人也会觉得溪头很好玩”的主张，而从“我们全家觉得溪头是很好玩的地方”推出“其他人也会觉得溪头很好玩”，以全家人的“偏”推出所有其他人的“全”，这是“以偏概全”的谬误。事实上，使一次旅行有趣的因素很多，不一定跟地点有绝对关系。另外，就算跟地点有绝对关系，自己家人的喜好未必可以应用在其他人身上。当我们发现这是以偏概全的自然推理时，应该要注意自己觉得好玩的因素究竟是什么，是否真的能够套用在那些被我们推荐的人身上。否则，如果别人去了觉得并不好玩，可能会认为我们骗了他。

2. 小王："现在的女孩都打扮得好夸张，不像二十年以前的女孩那么纯朴。"

分析：这应该只是一部分女孩的情况，不应该使用全称，否则前后句都以偏概全了。由于小王不可能观察过所有的现代女孩，而且也并不是所有的现代女孩都打扮夸张，当小王看到现在"有些"女孩打扮很夸张时就说现在的女孩打扮得都很夸张，这样的推论很明显是以偏概全。事实上，即使在现代，打扮夸张的也只是少数而已，比较恰当的说法是："跟二十年前比起来，现在较多的女孩打扮很夸张"。

不过，说这样的话的人大多不是真的犯了"以偏概全"的谬误，因为他们没有忽视那些现在还是不怎么打扮的女生，而只是喜欢使用比较夸张的表达方式而已。这似乎也没什么，但问题是，人们常常习惯性地会用语言去思考，而且有时推理是自动的。当"现在的女孩都打扮得好夸张"这句话被说出来而且被大脑记住之后，它就可能在无形中成为一个推理的根据，而导致我们产生错误的判断。所以，这样的习惯最好还是不要有。

3. 一个销售健康食品的网站有关于该食品及其调配人的介绍，小王仔细看过之后，发现该调配人的学历是假的，所获得的奖项也并不存在，因此小王说："这个健康食品也一定是骗人的。"

分析：这也可以归类为"以偏概全"的谬误。当发现某些相关事物中有几项是假的，就认为它们全是假的。这和前面的以偏概全不太一样，前者的公式可以写成："发现这家公司一个人这样，另一个人也这样，所以这家公司大家都这样。"而这个例子的公式则是："与这个产品相关的一个事物是假的，另一个事物也是假的，所以这个产品本身与其相关的事物全是假的。"这可以算是"以偏概全"的谬误的一种变形。

4. 小王很不喜欢有人利用自身的残障博取同情来获得一些利益，例如，他之前遇到过一些故意穿得破破烂烂又背着音响播放悲情音乐的乞讨者，或者有意露出残缺的肢体来博取同情的人。因此虽然小王很喜欢买在十字路口兜售的玉兰花，但只要是残障人士在卖就不会去买。

分析：小王预设只要是残障人士在卖需要人爱心购买的物品都是故意利用残障博取同情，而该预设推理是这样产生的：从"有些残障人士故意利用自己的残障博取同情"推出"所有残障人士故意利用自己的残障博取同情"。这就犯了"以偏概全"的谬误。

下面几题请自行练习。

5. 小王说："我发现双鱼座的人真的都很浪漫，像我还有小花就是这样。"

6. 小玉："黄老师说，他自从开始每天吃综合维生素就没有生过病了。"

小花："嗯，看来综合维生素真是健康的万灵丹。"

7. 小花说："去街边那个土地公庙拜过以后真的会赚钱呢。我和姐姐前几天去拜过之后，就都中了奖。听说小玉去拜过也是这样。"

8. 小绿："别再抽烟了，以后上瘾就不好了。"

阿呆："不用担心啦，我抽了好几次都没有上瘾，我不会上瘾的。"

9. 小玉："阿呆昨天跟我说小王偷偷跟小花去约会了。"

小绿："你不要相信他，他说的话没一句是真的。之前就有好几次发现他在说谎，所以他一定又在骗人了。"

三、“轻率联结因果”的谬误

当一件事情发生时，我们会习惯性地寻找原因来解释。我们把发生的事情当作“果”，然后给一个“因”来说明为什么会发生这个“果”。这样的思考就是在两个事件中制造一个因果关系。如果这种推断过于轻率，就会产生“轻率联结因果”的谬误。例如，台风造成某个沿海城市水灾，有学者宣称这是因为该市长只重视表面美化而不好好做排水工程导致的。这样的因果联结的理由是什么？这位学者对该市排水工程充分了解吗？如果没有，那么他就犯了“轻率联结因果”的谬误。

如果有一天你觉得身体怪怪的，到医院检查，医生经过仔细的诊断后，告诉你很不幸你已经到了癌症晚期。你躺在病床上不知所措，一时之间难以相信这个总是发生在别人身上的事竟然会发生在自己身上。亲朋好友纷纷告诉你一些奇迹般治愈的故事，于是你又燃起了一丝希望。首先花了很多钱买了一种特别的草药，刚开始吃的时候好像还不错，但一段时间后发现一点用也没有。之后，有人推荐饮用一种特别净化的神奇清水，还有人建议你修炼一种特别的气功。这些都无效后，你已经丧失希望。有一天来了一个传教士，他告诉你“只要信就必得救”，“只要祈祷就会应允”。于是你又有了新的希望，开始日夜祈祷，但是身体还是一天一天衰弱了。终于，你放弃了，看开了，恐惧地等待死亡的降临。一天夜里，有个法师出现在你的身旁，他问你：“如果你可以好起来重新生活，你是否愿意全心皈依我佛？”你说：“当然愿意啊。”于是法师用手按了按你的头，然后离去。当然，你并不相信这次会有什么不同，但是隔天医生为你检查时却发现了奇迹：你身体内的所有癌细胞一夜之间全部消失了。这时你怎么想？而你又将怎么做？

大多数人在经历这样的事情后会产生一个信念：这个法师真厉害，他可以治疗绝症，他必然是活菩萨转世，等等。当然，这个信念不见得是错的，但是产生这个信念的思考过程是正确的吗？

每个人一生中会遭遇千万个事件，其中或许会有几个奇迹般的事件，例如中了乐透、巧遇梦中情人、特别好运的升官、考试题全猜对。然而以这些奇迹般的事件为“果”来说，其“因”究竟是什么呢？当我们要使用因果关系来说明两个事件之间的关联时，必须非常谨慎，因为我们很可能把事件单纯的前后关系错误解读成因果关系。

例如，对于癌细胞一夜之间全部消失的事件可以有合理的解释，或许是因为它们都来源于一个细胞突变后的分裂繁殖，就像过去曾经发生过某地区竹林短时间内全部死亡一样。由于它们是由同一株竹子插枝而成，当生命内在的自动死亡机制启动的时候，它们可能在同一时间开始死亡。如果真是如此，那么无论在这些癌细胞集体死亡之前做过什么特别的事，我们都很容易联想到它们可能具有因果关系。例如，在癌细胞消失的前几天，如果我们去过某个庙进香，就会认为这个庙很灵；如果改信耶稣，就会到处宣扬耶稣的伟大；如果吃过某种特别的草药，就会很积极地告诉别人这种草药有多神奇。而事实上，它们之间可能完全没有任何因果关联。除此之外，我们也容易把特别的事件作为因果关联的主因而忽略其他较小的因素，或是用发生时间更近的事件来解释这种因果关联而忽略其他事件长久的影响力。

无论如何，当我们要诉诸因果关系去解释事件之间的关联时，必须非常小心。那么，该如何小心呢？也就是说，我们怎样才能肯定一个因果关联呢？至少，我们需要更多的案例和统计数据。例如，尽管知道有 100 个罹患某种疾病的人吃了某种神奇草药后痊愈了，但还需要了解有多少患病者吃了这一草药、痊愈比例如何、如果没吃这种草药却依然痊愈的比例又有多少等情况。如果要相信该法师有治疗绝症的能力，我们不能只看一个案例，而必须多看几个，衡量其统计上的可信度。另外，如果想用因果关联解释事件，最好是找出其中因果的运作。例如，该法师具有某种特异功能，这种特异功能可以被证实的确能提升甚至改变一个人的免疫力，那么我们就可以放心地用因果关系来解释该事件的发生。

因此当你发现自己正在尝试用某个原因去解释一件事情时，请启用你的查错神经。因为错误的因果联结有可能形成错误的知识，而错误的知识则可能造成不当的行为而发生糟糕的情况。以上面这个例子来说，如果你相信自己的痊愈真的是因为法师的帮助、宗教的信仰或者某种神奇的草药，并且以偏概全地认为别人也能和你一样，那么你很可能会努力劝说他们不要去医院而是去某个宗教场所或者改变饮食方式。如果你万一是错的，那么将可能在自以为帮助别人的情况下使别人失去宝贵的生命。

在日常生活中，轻率的因果联结大概是最容易产生错误知识的思考习惯。只要能够加强辨识这种谬误的能力，形成错误知识的概率将会降低很多，而且也可以借此重新反思自己现有的某些知识是否由于这种谬误而形成。如果能够清理掉一些已经潜藏在思想中的错误知识，那么就等于清除了许多未来生活中的危险陷阱，也就减少了做出错误抉择的可能。

除了轻率地建立一个因果联结之外，另一个与此相关的谬误形态是轻率地否定一个可能的因果联结。例如，小玉说：“陈医师给的感冒药好有效啊。我每次感冒都吃他给的药，没多久就好了。”小王不以为然：“我感冒不管吃不吃药，没多久都会好。可见药根本没什么用处。”在小王的说法中，他借由“不吃药感冒没多久也会好”来否定“吃药”与“感冒好”之间的因果关联。这样的否定是很轻率的，因为吃药可能会加速治好感冒，也可能有防止病情恶化等其他作用。另外，小王借由个人经验来推理全部也犯了以偏概全的错误。由于这种谬误没有正式的名称，也无须特意用“‘轻率否定因果联结’的谬误”来称呼它，我们可以简单地称其为“‘把合理当正确’的谬误”。这类谬误在日常生活中比较常见，例如，“抽烟根本不会对身体有害，你看许多百岁老人一辈子都经常抽烟”，或是“背单词对学好英语根本没帮助，我之前花了好多时间背单词，英语还是一样差”，“运动不运动跟健康没什么关系，小花天天运动还不是经常生病么”。诸如此类的话语在日常生活中屡见不鲜。

练习题：找出轻率联结因果的地方。

1. 一对夫妇从结婚起就一直想要个小孩，但努力了十多年妻子就是无法怀孕。在试过许多偏方都毫无效验后，有一天一个算命先生告诉他们，他们的小孩还在某个仙人那里修炼，必须要仙人同意他重返人间，妻子才有可能怀孕。于是，他们去那个仙人的庙里进香祈求，求的签说仙人“应允”了，二人便高兴地回家了。没过多久，妻子真的怀孕了。夫妇俩都觉得那个算命先生真是神通广大。

分析：对于有相关宗教信仰的人来说，这是一个非常容易接受的推理，而没有宗教信仰的人则会觉得这根本就是胡扯。不过，我们的查错神经并不直接诉诸宗教信仰本身的真实与否。查错神经寻找合理性，寻找可疑的地方。事实上，这个推理轻率地把算命先生的说辞当作怀孕的原因。而如果仔细寻找其他合理的可能性，我们会发现更多可能的解释。

2. 小王：“听说阿呆第一个被裁员了。”

小黄：“当然是他。谁叫他上次没有依照总经理的办法去做，还自作主张。虽然成功了，但是一定让总经理很不高兴。”

分析：从小黄的话语里可以看到一个简单的推论：“阿呆之所以第一个被裁员是因为上次没有依照总经理的办法去做”。在这里，小黄把“阿呆上次没有依照总经理的办法去做”当作“因”，用因果关联去解释“阿呆被裁员”的“果”，但针对这个因果关联并没有做出更多的说明。虽然这是可能的，但是其

他更多的可能性被忽略了。例如，阿呆可能总是依据自己的看法而不理会别人的意见，或者他的能力有问题，诸如此类。除非小黄有更好的理由支持这个因果联结，比方说，总经理最讨厌别人不依照他的指示去做，或者总经理很小心眼，等等，否则这可以算是“轻率联结因果”的谬误。

3. 阿西说：“我上学期真倒霉，四门功课不及格，还差点被劝退。”

阿发说：“还好，我们系的老师都心地善良，不会判学生不及格。”

分析：在这个对话中，两人都有轻率联结因果的嫌疑。阿西将“倒霉”为“因”联结到“四门功课不及格”的“果”。这个因果联结很轻率，因为通常功课不及格的主要原因不是倒霉而是不用功。而阿发将“老师心地善良”当作“因”联结到“不会判学生不及格”的“果”。这也是轻率联结因果，因为一般来说，一个不会判学生不及格的老师可能比较容易放水，而这对教学成效来说通常是件坏事，这样看来，这种做法很难说是“善良”。所以，这两者都是“轻率联结因果”的谬误。不过，轻率联结因果并非一定会造成错误，它也可能是一个正确但轻率的推理。

4. 最近某大学女生宿舍门口的一棵大树长出一个形似人面的树瘤，位置正对着女生宿舍，大家都觉得有点不舒服。有个不信邪的男同学拿了一把斧头将这个怪异的树瘤砍掉了，没想到第二天他就发生了车祸。所以，大家可别不信邪啊。

分析：在这句话里包含着一个推理："这个男同学发生车祸是因为砍了那个形似人面的树瘤"。也就是说，把"砍了那个树瘤"当作"发生车祸"的原因，将二者用因果关系联结起来。通常，我们对这类没有根据、怪力乱神的事情应该持一种谨慎且怀疑的态度，因为它们毕竟没有任何科学证明。除非好几个人做了同样的事情之后几日内都发生意外，那么我们就必须正视这样的情况，并且慎重考虑其间是否真有因果关系，否则这样的联结就过于草率了，因为原本并无关联只是在时间上出现巧合的可能性是很高的。

5. 小王说："我今天早上对发票的时候，发现一个差一号就中一千的发票。每次一出现这种情形，我的运气就会被用光，然后就不会中。果然，这次又没中。"

分析：在小王的这个想法中，他把"运气被用光"当作"发票没中"的原因，这样的因果联结也是很轻率的。理由是，"运气"这个概念本身就是很有问题的，真有这样的东西吗？

这只是我们日常生活中随意使用的一个名词，但我们基本上都不清楚这究竟是什么。

下面几题请自行练习。

6. 小王：“小玉，发票对了没?”

小玉：“我上次对发票的时候头痛，结果竟然中了四千元。我猜头痛可能会产生一种精神力量让我对中发票，我要等头痛的时候再来对。”

7. 小花：“我昨天考试考得好差啊。”

小绿：“你一定是不用功才会这样。”

8. 小王：“法官把那个女演员女儿的监护权判给男方，而且允许他把女儿带去美国受教育，最主要的原因在于男方会带女儿上教堂，因为法官自己就是个基督徒。”

9. 小王：“黄老师竟然把我的形而上学判了不及格，我有这么讨人厌吗？还是因为他在暗恋我的女友小玉?”

10. 小蓝：“我去美国玩时，看见美国人半夜开车还会等红灯，他们真的很有守法精神。”

11. 小黄："小明家并不富裕，可还是让他自费出国念书。我家算是很有钱的，可父母却不愿意花钱让我出国念书。小明真的很幸运，我真的很倒霉。"

四、"批评稻草人"的谬误

当我们听到某个人说了一番话之后，如果我们曲解了他所要表达的意思而去批评他，无论这种曲解是否出于故意，我们都犯了"批评稻草人"的谬误。当我们曲解别人的意思时，我们所批评的对象已经不算是真人了，因为真人并没有这样说，我们就像是在批评一个自己制作的稻草人，因此这是个错误的思考方式。

例如，有个孤儿院院长接受采访时说："我很早就想过，有钱的话一定要开一家孤儿院，因为把一群没有爸妈照顾的小孩带好，可以有很大的成就感。"结果，听到这段访问的某位学者却批评："原来他想开孤儿院就只是为了满足自己的成就感，真是个自私的人。"

很明显这位学者曲解了孤儿院院长的意思。"成就感"应该只是他想办孤儿院的原因之一，这位学者却把它当作唯一的原因，而且透过这样的曲解来批评他。因此我们便可以说，这位学者犯了“批评稻草人”的谬误。

当政府宣布一个政策时，常常会有因此而获利的人，也会有因此而遭受损失的人。获利者容易站在正面角度，肯定这是一个好的政策，而遭受损失的则往往会曲解这一政策。例如，如果对富人征税，一般百姓会拍手叫好，但富人们会认为这是故意打压有钱人的作秀举动，甚至认为这是在打压经济。依据这种曲解所做的批评，都是犯了“批评稻草人”的谬误。

在这个例子中，被曲解的其实并非政策本身，即并非这个政策所使用的语言文字，而是制定这个政策背后的行为。虽然这不是“批评稻草人”的谬误的典型例子，但可以说是这种谬误的一种变形或是应用。所以，这种由于曲解某种行为而引发的批评也可以说是“批评稻草人”的谬误，而且这种谬误形态在日常生活中非常常见。

例如，许多现代青少年喜欢文身，但父母通常都会对这种文身行为抱有很大的反感，会将这种行为解读成“想混黑道”。因为在比较传统的父母心中，文身带有特殊的象征意味，文身就是想混黑道。然而如果依据这种观念，对孩子文身的行为做了错误解读，进而教训孩子不要“误入歧途”的话，那就很可能犯了“批评稻草人”的谬误了。因为大多数想文身的年轻人只是想表现自己的特殊风格，希望受到注意。姑且不论这种表现自我的方式是否恰当，但至少他们不是真的“想混黑道”。

“批评稻草人”的谬误重点在于曲解他人，当我们对别人的某个说法感到难以理解或是生气时，我们的查错神经就应该发出警报，因为我们可能开始曲解别人了。然而如果我们故意曲解一个人说的话并借此赞美他，这算不算“批评稻草人”的谬误呢？父母和子女之间、情人之间似乎常常这么做。当孩子说了一些听起来有点水平的话时，父母可能故意曲解成这些话很了不起，然后给予赞美，借此鼓励孩子。从实用的角度看，这或许真的很有鼓励效果，因为被赞美的人通常都会希望能做得更好，而被批评的人往往容易放弃，这种效应在孩子身上尤其明显。然而我想，从逻辑的角度看，这应该也算是“批评稻草人”的谬误的一种变形吧，只不过我们不认为这样的谬误是有危险而需要避免的。所以在讨论“批评稻草人”的谬误时，只针对那种出自曲解的攻击或批评，而不针对赞美。事实上，这样的谬误变形也无须刻意避免，甚至可以多加利用。一个很能利用“批评稻草人”的谬误去赞美别人的诡辩者，只要在态度上不会让人觉得虚伪，应该会有不错的人际关系吧。不过，当谬误出现时最好自己还是能够知道，以免在某些特殊状况下产生不当后果。

就这类谬误的命名而言，你可能要问，既然曲解的赞美也算在内，那么直接称之为"'稻草人'的谬误"不就好了？而且原本的名称就是如此，为何本书要加上"批评"两个字呢？前面说过，命名的目的不仅仅在于方便我们对某种谬误归类，最好还能协助我们快速辨识它。多了"批评"两个字会使我们在听到批评或批评别人时更容易触动查错神经，让我们小心判断这种批评是否含有曲解。这样一来，在查错神经的锻炼上就会收到更好的效果，尽量避免了产生不当思考。至于可能忽略对出自曲解的赞美的查找，我想这是没关系的，因为赞美不大容易造成不当的后果。但如果读者喜欢比较简略的"'稻草人'的谬误"这样的命名其实也无所谓，或者读者如果喜欢增加一个"'赞美稻草人'的谬误"来探讨这样一种鼓励手法也是不错的。

练习题：寻找谁在"批评稻草人"。

1. 小黄："昨天我女朋友小花说，我是全世界最大的笨蛋。"

小蓝："你女朋友真可恶。我想，你至少应该可以赢过一两个人吧。"

小绿："小蓝，你这样说是错的。"

小紫："小绿，你太过分了，竟然觉得小花是对的。"

分析：小黄如果只是陈述小花的说法，那么他的话没什么问题。小蓝显然从字面上去理解小花的话，但实际上，这样的话通常都不是为了传达其字面意义，因此小蓝很可能犯了“批评稻草人”的谬误。小绿主张小蓝是错的，最可能的理解就是指小蓝误解小花。在这种情况下，小绿就没有犯“批评稻草人”的谬误。但是小紫却将小绿的意思理解成“小花是对的”，那么他很可能是曲解了小绿的意思而批评小绿，那么小紫便犯了“批评稻草人”的谬误。

2. 某市的观光小火车造成好几人死亡的意外后，虽然修好了，但是大家对其安全性还存在着疑虑。后来，该市的市长乘坐该火车去了沿线的数个地方，某位民意代表对此批评道：“市长不做正事，就知道跑去游山玩水。”

分析：不管市长内心是否真的想去旅游，其行为都不应该被解读成游山玩水，而是代表一种主张小火车安全无虞的宣示。因为如果不安全的话，谁敢让市长去坐呢？既然市长都敢坐了，那么说明小火车应该已经很安全了。这对当地的旅游业来说是有帮助的。因此那位民意代表曲解了市长的行为而批评他，虽然不是批评他所说的话而是批评其行为，但也可以算是“批评稻草人”的谬误的一种变形。

3. 爱护流浪狗的小黄发现一个专门抓流浪狗的狗肉店老

板，于是他跟一群流浪狗说："冲啊！咬他！"结果没有一只狗有行动。于是他就对这些狗说："你们这群胆小鬼！"

分析：小黄对那群流浪狗的行为的解读是错的，那些狗之所以不行动并不是胆小，而是不知道小黄说了些什么。因此小黄依照对流浪狗行为的曲解，进而批评它们是"胆小鬼"，这样的推理犯了"批评稻草人"的谬误。

下面几题请自行练习。

4. 小王："昨天小黑拿腊肉送给我家。他明明知道我家有高血压遗传病，还送这么咸的东西，简直就是想害死我们嘛。"

5. 小玉："前几天小花给我推荐了两只股票，原本以为她是好心，结果害我赔得好惨，真是蛮可恶的。"

6. 小蓝："那些还在支持贪官的人真是是非不分，根本就是在支持非法。"

五、"非黑即白"的谬误

从字面意思来看，"非黑即白"的谬误是说"如果一个东西不是黑色的，那么它就是白色的”。这样的推论很明显是错的，因为我们知道除了黑色和白色之外还有很多其他颜色。但是在很多例子中，当其他选项不这么明显时，我们就容易被这样的不当二分法所弄混。因此这样的谬误也可以称作“‘不当二分法’的谬误”。例如，小玉问老万：“你喜欢吃香蕉吗?”老万回答：“不。”于是，小玉说：“既然你讨厌吃香蕉，我就送别人了。”此处，在小玉的推理中，她认为若不是喜欢就是讨厌，把喜欢跟讨厌做了一个非黑即白的划分，忽略了许多其他的可能性，因此小玉犯了“非黑即白”的谬误。

从小时候开始，我们就已经习惯电视剧把人区分成“好人”与“坏人”两种，因此我们看见某个角色处在危难中时，总是会问大人：“他是好人还是坏人?”如果是好人，我们就为他担心，但如果是坏人，我们就为他的不幸感到高兴。然而长大后我们慢慢地发现，人并不适合用这样的方法来区别，就算真的有所谓的好人与坏人，更多的人也是介于好与坏之间的，或者是好与坏的综合体。有了这样的认识之后，我们再试图去区别一个人是好人还是坏人时，就会发现，这是一个不当的二分法。而借由这样的不当二分法做推理时，我们就犯了“非黑即白”的谬误。

举例来说，如果有一天小玉问小王：“你喜欢数学吗?”小王回答：“不。”小玉就说：“听说讨厌数学的人都很笨。”小玉这句话暗示“小王很笨”，而这个暗示的推理过程预设了“不喜欢就是讨厌”的二分法。这样的二分法是不当的，因为喜欢跟讨厌之间还存在其他不能忽视的可能性，比如不喜欢也不讨厌。由于这个二分法没有涵盖所有（或至少大部分）的可能性，因此这个推理是个“非黑即白”的谬误。

但是并非所有的二分法都是不当的，如果某类事物在二分之后能够（或至少几乎能够）涵盖所有该类别的事物，那么这样的二分法就不是不当的，也就没有犯“非黑即白”的谬误。

例如，有一天，小玉跟小王说她很喜欢某个老师，小王就问：“男老师吗？”小玉回答：“不是啦。”因此小王推理：“原来你喜欢的是女老师。”此处，在小王的推理中，他将老师区分成男的与女的两种，当不是男的时就是女的，这样的推理基本上是没有问题的。虽然世界上或许真的有这两种性别之外的中性人或者兼而有之的双性人，但是这类例外的数量太少，而且其存在与否是有争议的。除非在特别问题的考虑上，否则在我们日常生活的思考中是可以忽略这种例外的。所以在这个例子中，虽然小王使用了二分法，但并非不当的二分法，因此他并没有犯“非黑即白”的谬误。

当我们习惯性地用二分法去看某些事物时，我们很容易会忽略掉其他的可能性而产生这种“非黑即白”的谬误。例如，有人习惯性地把人区分为城里人与乡下人，当一个人不是乡下人时就自然以为他是城里人，但许多人是小时候在乡下长大然后住进城里的，这又怎么区分？一个人不是南部人就容易被认为是北部人，那中部人呢？一个人若不是已婚的就容易被认为是未婚的，那离婚的呢？

这样的不当二分的情况甚至在学术理论界中也会出现。如果某个学术问题只有两种主流理论在竞争，那么当一个人主张某一理论是错误的时候，自然而然大家就会觉得他是主张另一理论是正确的。例如，针对人类的起源问题，目前有两个主要理论：一个是演化论，主张一切物种都是依据物竞天择与突变两个机制所产生的；另一个就是创造论，主张一切物种都是神所创造的。而针对这个争议，许多人主张：“依据目前的考古证据，现有的许多物种的化石年龄很短，但地球存在的时间却很长，因此这些物种并不像是创造论所主张的在世界形成之后被创造出来的。另外，由于许多物种出现的时间都不尽相同，也不像是创造论所说的一切生物都在几天之内被创造出来，由此可知，创造论是错的，那么我们就可以说演化论才是正确的。”

上面的说法也是一个“非黑即白”的谬误。姑且不论上面主张创造论是错误的推理是否正确，就算创造论真的是错的，也不表示演化论就是对的。虽然我们目前或许真的只有这两种理论，但这并不表示它们穷尽了一切可能性。在这样的情况下，这个推理就犯了“非黑即白”的谬误。

有时，不当的二分是故意为之的。例如，美国在遭受9·11恐怖袭击后，当时的总统布什说：“不是朋友的就是敌人；不是反恐怖主义的就是支持恐怖主义。”这样的二分从正常状况来看没有穷尽所有的可能，因为有些国家可能是中立的。但是实际上，这并不能算是“非黑即白”的谬误，因为布什其实是在宣告，他要将这样的原本没有穷尽的二分变成可以穷尽的二分，也就是说，只要你不是朋友、不支持美国反对恐怖主义，那么美国就要将你当作敌人。如此一来，这样的二分就成了有穷尽的二分了，所以这并非一种错误推理，而是去做另一种定义。

当我们在日常生活中的推理出现二分的时候，请启动你的查错神经，因为你可能正在做一个“非黑即白”的错误推理。

练习题：寻找哪里有非黑即白的分类。

1. 小黄：“你会写计算机程序吗？”

小王：“不会啊。”

小黄："昨天小玉说你懂计算机程序，原来是骗人的。"

分析：小黄的论述预设"不会写计算机程序就是不懂计算机程序"，这个二分法无法涵盖所有可能性，因为可能有人可以看懂计算机程序但却不会自己写。因此，小黄犯了"非黑即白"的谬误。

2. 小玉："你相信有鬼神存在吗？"

小王："不相信。"

小玉："你真是一个怎么都不信邪的人。"

分析：从小玉的说法可以看出，她预设了一个二分法："相信鬼神与怎么都不信邪"，所以她认为，"一个人如果不相信鬼神就是怎么都不信邪的人"。这样的二分法无法涵盖所有可能性，因为可能有人一点都不坚定，也就是说，只要有证据证明就很容易相信鬼神的存在，但是他可能认为目前尚无证据或是证据不足。然而对于一个觉得支持神鬼存在的证据已经充足的人来说，就容易像小玉一样做这种二分法。所以，我们也可以从人们的二分法中了解其隐藏的思考。例如，小黄说："常常去帮助别人的人要不是为了建立自己的好形象，就一定是为了死后可以上天堂。"这样的二分法思考否定了"有人真的很喜欢帮助别人"，那么我们从这种说法可以看出，说话者一定是个对帮助别人没什么兴趣的人，否则不会认为这样的二分法是正当的。当一个人不认为某种二分法是不正当时，是很难靠自己发现其中的错误的，但是当我们说出、想到或听到的话语中出现类似“如果不是……就是……”的结构时，我们的查错神经就应该发出警报，检查是否有无法涵盖全部的不当二分法。

3. 小王和小玉看完《小花朵与阿呆求婚记》后走出电影院，小玉说：“想不到小花朵最后真的答应阿呆的求婚，好感动啊，你不觉得吗？”小王说：“只是一个虚构的故事啊，我不相信真的有小花朵这样好的女孩子。为什么要为不存在的人物感动啊，你认为他们是真实存在的吗？”

分析：小王预设了一个二分法，“相信或不相信电影中的角色是存在的”，这样的二分法看起来很像是可以涵盖全部的。如果真是如此，那么小玉就很难回答小王的问题了，因为小玉也很清楚这些人物是不存在的，但既然认为他们不存在，又为什么会感动呢？这好像有点错乱了。因此，这里就容易产生一个思想的困局。事实上，问题在于“相信和不相信”在这样的情况下是不能涵盖全部的，是一个不当的二分法。因为当我们谈论相信或不相信时，还必须考虑这样的相信或不相信有没有在运作，也就是我们有没有正在思考它。我们如果一边看电影一边觉得是骗人的，那么就不会被感动，但是如果这样的“不相信”的心理状态并没有在运作，我们还是可以感动的，但不能因此就说我们相信这些故事。简单地说，我们可以处在没有正在不相信也没有正在相信的心理状态。

下面几题请自行练习。

4. 小玉心情低落地坐在小花旁边，小花：“你怎么了？”

小玉：“小绿讨厌我。”

小花：“为什么你会这么认为？”

小玉：“我昨天问他是不是喜欢我，他说不是。”

5. 小玉：“之前我问小王他有没有抽烟这个不良嗜好，他说没有，结果刚才我看到他在抽烟，真是个爱说谎的人。”

六、“不相干”的谬误

当我们依据A理由来达成B结论时，感觉上A似乎可以用来支持B，但如果实际上它们之间根本就不太相干，以至于A对B的支持很弱，甚至弱到根本没有，那么这样的推理就犯了“不相干”的谬误。例如，小王说：“你看这个男歌手长得这么好看，就知道他一定不是靠着唱歌的实力出名的。”在小王的推理中，他以外表好看推理出此人没有实力，而外表和实力其实并无关系。

一个雨后的傍晚，你吹着仲夏夜的和风在公园里散步。当你经过一个湖边的小凉亭时，一股汗味飘来，你发现亭内有两个衣衫褴褛的流浪汉正在一边驱赶蚊虫一边议论时政，其中一个用难听的破嗓门批评你最欣赏的某条政策，另一个用困意十足的声音附和着，你突然产生一种厌恶的情绪，觉得许多人在未经深思的情况下胡乱批评，这种行为真令那些认真做事的人感到心寒。

看了上面这个假想情况，你可能很快发现这里有个谬误。但是在日常生活中，当我们身处其境时，可能就很容易落入这个谬误之中而不自知，正所谓当局者迷。要破除这种当局者迷的情况，你必须时时记住这个谬误叫什么名字，时时小心别人的话和自己的想法中是否有这种谬误，即使内心充满厌恶感也要不理会这种情绪而做理性省思。只要能在日常生活中发现几次这种谬误，你就会锻炼出对它越来越敏锐的神经，就越来越能避免在思考中产生这种谬误。

这个谬误的名字叫作“‘不相干’的谬误”。意思是说，我们使用一些直觉上有支持力但实际上却几乎完全没有的不相干的理由来推理出一个结论。在上面的例子中，我们推出的结论是："那两个人在未经深思的情况下胡乱批评时政"。那么，我们借以推出这个结论的依据又是什么呢？因为我们只是路过，并不知道他们的整个推理是什么，我们的依据只是"他们是衣衫褴褛的肮脏的流浪汉"。然而，从这个理由能够推出我们想要的结论吗？由于服装和思考能力是不相干的，思考能力强的人完全可以穿着旧衣烂衫，而衣着高雅的人也非常有可能思考能力很差。由于这两者不太相干，衣衫褴褛的理由几乎完全无法用来支持其思考能力很差，因此在这样的情况下，我们就可以宣告这个推理犯了"不相干"的谬误。

当然，我们的确也可能在上述理由与结论之间拉上一些关系，因为有人可能会说："如果他们真有本事、有能力正确地批评时政，也不会变成流浪汉了。所以这个推论并非不相干。"这个说法的说服力如何暂且不论，但是如果内心的确有这样的预设，而且把它放入推理中成为支持结论的一个隐藏理由，那么这的确就不算是犯了"不相干"的谬误。虽然这样的说法未必正确，但其有某种程度的支持力。只要有某种程度的说服力，我们就不能说其不相干，但或许可以说它犯了其他种类的错误，例如"把合理当正确"的谬误。

所谓“不相干”的谬误纯粹是从其依据的理由与结论的关联性来看的。肮脏、衣衫褴褛、流浪汉等性质和批评时政的能力没有明显的关联，因此我们认为其犯了“不相干”的谬误。但如果把上述的隐藏理由拿出来，那么推理就变成这样：

理由（1）：他们是衣衫褴褛又肮脏的流浪汉。

理由（2）：如果他们有本事、有能力正确地批评时政，就不会成为流浪汉。

结论：他们对时政的批评是未经深思的胡乱批评。

这样的推论或许并没有犯“不相干”的谬误，但是理由（2）是需要再商榷的，有思考能力的人一定不会成为流浪汉吗？衣衫褴褛的人思考能力一定很差吗？这使人想起有关亚历山大大帝的一个故事。相传他去拜访一个看起来像是流浪汉的很有智慧的隐者，然后问这个智者他想要什么。亚历山大大帝自认为能满足他的任何要求。结果，这个智者真的提出了一个要求，而且亚历山大大帝也真的很容易就可以达成——他要亚历山大大帝不要挡住他的阳光。

根据一个人的衣着去判断他的思考能力可能是人们常犯的谬误，尽管我们在相当程度上可以根据衣着去判断一个人的购买意愿或者社会地位。百货公司的店员会依据顾客的穿着判断他的购买能力，然后再考虑要在他身上花多少时间以及给多少笑脸。我想这或许算是有效的、有关联的推理。因为如果一个人愿意穿着地摊货逛百货公司，那么他对名牌的需求自然不高；如果一个人穿着超级名牌且看上去很习惯、很自然，那么他再买名牌服饰的可能性就较高。另外，喜欢穿名牌的人很可能有较强的虚荣心，多给他们一些奉承的笑容和照应，他们自然比较愿意拿钱出来再满足一下购买名牌的虚荣心。事实上，他们是否真的富有倒很难说，说不定已经欠了上百万的卡债，但是购买的意愿仍旧很高。而愿意穿着地摊货到百货公司的人则虚荣心较弱或是根本没钱，所以他们购买名牌的可能性较小。若单纯从效益来看，不用花多少时间在他们身上。如果他们是要买礼物送人或是受人之托来购买，即使你不主动理他们，他们也会来找你。

然而话说回来，一个成功的店员应该是不放弃任何机会的，即使购买概率低也一样尽最大努力应战。但如果购买概率真的为零，那确实是不用花时间。与其那样，还不如保留体力等待下一个顾客。如果由于某些穿着随便的人没买而认为所有穿着随便的人都不会买，则是犯了“以偏概全”的谬误。这个谬误自然会让店员误以为这些人购买概率为零而不愿意付出努力，那么这可能会对他的业绩产生一些不良影响。

然而，一个人的思考能力和衣着的关联性就微乎其微了。

不过，即使我们知道这是不相干的推理，还是会常常以穿着来衡量一个人，因为这在许多方面的确能说明问题，例如，一个人的职业、财富、个性等和他的穿着有很大的关联性。当用穿着来推理这几个方面时，即使不一定正确，也不能说是“不相干”的谬误。而对于穿着与能力的关系，即使人们很清楚二者不相干，还是会不知不觉地将它们联系在一起。因此我去演讲或是到校外上第一堂课时，还是尽量穿得像是“能力不错的样子”。这样从一开始就会让听众比较有信心，也比较容易获得第一堂课的成功，之后就没什么关系了。衣着和第一印象的产生有很大的关联。既然多数人会有这样的谬误，我们就可以善加利用，来获取一些功效与竞争的优势。

在推理中，只要依据的理由与结论不相干，都可以说是犯了“不相干”的谬误。例如，多年前某学术机构选举某所的所长，其间收到匿名信，检举某候选人不赡养父母，主张他不适任。这也可以算是犯了“不相干”的谬误。因为一个所长适任与否应以专业能力与办事能力为首要的衡量因素，是否赡养父母似乎与是否适任无关。我们在日常生活中时常有这样的错觉。例如，许多人对大学教授的某些操守问题特别在意，似乎预设了当教授的人就应该有很好的德行，然而事实上，德行与学问是并不相干的。当然，尽管德行有亏不代表能力、学问有问题，但如果一个人的品德确有污点，当然应该慎重考虑是否选用这样的人。

许多人依据某知名诺贝尔奖科学家对时政的意见来选择候选人，这可能有犯了“诉诸错误权威”的“不相干”的谬误之嫌。这必须看该科学家是否同时也是时政专家，否则我们不能因为某人在某个领域有杰出表现就认为他是通才。

另外，一些选举场合很像是各种“不相干”的谬误的展览会场。例如，某候选人很可怜，哭哭啼啼甚至当众下跪，这么可怜的人应该要被选上才对，大家是不是要投他一票呢？这其实是犯了“诉诸怜悯”的“不相干”的谬误。是否投票给一个人，是看他能否在该工作中有杰出表现，而不是看他可不可怜。

其他类似情形还有很多。例如，我们通常不太重视儿童的意见，认为他们的意见不值得一听，然而年纪小的未必就说不出有建设性的话来。或者我们对语言能力不好的人也有偏见。我们听到一个口齿不清的人说话时，自然而然会将他的说服力打点折扣。类似的情形也常发生在留学生身上。语言能力不够好的留学生容易让人不自觉地怀疑其原本的表达能力，因为他的话听上去磕磕绊绊，实在有点煞风景。又如，某些人觉得白种人的能力优于黑种人，法语比其他语种高贵优雅，等等。

那么请小心了，当自己的思考中出现一个感觉上有点不靠谱的结论时，想一想支持这个结论的理由是什么，说不定你正在做一个不相干的推理。

练习题：寻找哪里有不相干的推理。

1. 小王和小玉结婚后生了个小孩，叫作“老万”。老万念小学时成绩很差，作业经常不会做，老师小花在他的作业上写了一些意见并要求家长签名。老万回家后把批改过的作业拿给爸爸小王签名，小王看到上面的字很难看，便说：“你们老师连字都写不好，难道能教好书吗?”

分析：字写不好的确给人一种没学问的印象。我们很难想象一篇字写得像小学生一样的文章会是一个伟大的作品，因此当我们看到很难看的字的时候，自然而然会觉得写字的人没有什么学问，而且同时会觉得没什么学问的人应该也教不好书。然而如果我们认真思考，就会意识到字写得好不好跟有没有学问是不相干的，跟教书教得好不好也是不相干的。字写得不好只表示过去没有好好练过字，而过去是否好好练过字跟学问与教学能力是无关的。因此，小王犯了“不相干”的谬误。

2. 小王在路上开车，发现前面那辆车开得很奇怪，于是他说："前面那个人不太会开车。"小玉则说："不会吧，前面那辆是奔驰哪，怎么可能不会开。"

分析：小玉犯了"不相干"的谬误，会不会开车跟开什么车是不相干的。许多人会对名车产生莫名的崇拜感，这样的感觉会让人自然而然地觉得驾驶者很会开车。但实际上，这二者是不相干的，名车意味着金钱而不是技术。

而小王在此犯了"轻率联结因果"的谬误，因为他很轻率地把"不会开车"当作"开得很奇怪"的原因，但是车开得奇怪可能有很多原因，比如正在找路、正在讲电话或者车上的人正在吵架等。

3. 小玉买了一瓶红酒回家，小王喝了以后说："这种红酒真是难喝死了。"小玉说："不会吧，隔壁那个有钱人昨天跟我说，这种红酒是他最喜欢的红酒呢。"

分析：小玉犯了"不相干"的谬误，一个人是否有钱跟他对红酒是否有鉴别力是不相干的。我们通常觉得品酒是一种高级的享受，觉得有钱人经常有这样的享受，因此自然而然地认为他们都懂得品酒。实际上，品酒是一种爱好与能力，有钱与否与此并无关联。

另外，小玉也可能犯了"轻率联结因果"的谬误，她很轻率地把“这种红酒好喝”当成“有钱人最喜欢这种红酒”的原因。事实上，那个人说不定是因为喜欢这种红酒的颜色、气味等，也可能是这种红酒带给他某种特别的回忆。当他说自己最喜欢这种红酒时，并不表示他主张这种红酒最好喝。

4. 某补习机构的名师徐薇批评另一位名师陈子璇，称其只有专科学历却能当上名师，令人匪夷所思。

分析：这可以算是一个“不相干”的谬误。因为名师和学历不怎么相干，理由是，所谓的名师表示很会教、教得好，而这和学历关联并不大。当然，想要把课教好，有相当的知识储备是前提，但这种知识储备也不一定和学历相关。学历高通常代表有知识，但不一定会教；而学历不高不一定没知识，而且也可能会教。

5. 犯人出狱后会再犯罪，所以不能废除死刑。

分析：近年来，在一些国家关于死刑的争议很多，其中一种观点以再犯率高主张不能废除死刑。其实，再犯率高低和是否应废除死刑是不太相干的。真正要考虑的应该是假释的制度以及监狱中的教育问题。如果废除死刑，原本的死刑犯很可能被判无期徒刑，无期徒刑的犯人如何可能再犯呢？问题在于，由于假释制度，即使是无期徒刑也可能出狱，加之再犯率高，就会造成严重的社会问题。但这样的问题不仅仅存在于死刑犯身上，那些被判十多年的重罪犯人也是如此。有没有可能实现较好的狱中教育来改善这一情况，假释的实施能否更为谨慎，这两个问题才是真正相干的重点。所以，我们可以说这样的主张犯了“不相干”的谬误。

下面几题请自行练习。

6. 小王：“老万一副很花痴的样子，怎么办？”

小玉：“听街角那个算命先生说，花痴反过来就是吃花，所以吃花可以治疗花痴的问题，要不要试试看？”

7. 小王跟小玉说：“老万说他想当发明家。”

小玉：“先叫他把英文学好吧，连英文都学不好怎么当发明家。”

8. 小王：“这是很高级的牛肉干呢。”

小玉：“难吃死了，怎么可能是高级的。”

小王：“真的是高级的，这可是董事长送的。”

9. 小莲批评小玉穿着没有品位。小玉知道后说：“她自己穿得那么寒酸，哪有什么眼光批评别人啊！”

10. 某周刊记者追问某女明星：“之前抢走你男朋友的那个女明星最近出席时装秀，被媒体夸奖衣着很有品位，你怎么看？”

该女明星回答：“抢别人男朋友的人会有什么品位？”

七、“诉诸无知”的谬误

由于我们无法证明某个事物是错的或是不存在的，因而主张该事物是对的或是存在的，这样的推论方式就犯了“诉诸无知”的谬误。反过来说，当我们无法证明某个事物是对的或是存在的，就直接宣称其不存在，也一样犯了“诉诸无知”的谬误。例如，小王觉得身体不舒服，于是请假去检查身体，检查结果是没有任何问题，但他还是觉得不舒服想要请假。于是，同事小黑就说：“小王一定是在没病装病。”此处，检查不出身体有问题并不表示身体没问题，有可能只是没能检查出来。因此，小黑犯了“诉诸无知”的谬误。

又如，有些力图传播宗教教义的人只是秉持一股热诚，并未受过专业训练，所以有时会出现一些荒谬的传教理由。例如，“你不信神的存在？你可以证明吗？你无法证明，而且人类几千年来都无法证明神不存在，所以神的存在是很明显的。”这样的推理就是一种很典型的“诉诸无知”的谬误。通常这类谬误也可以被归类到“不相干”的谬误，因为对事物的不了解与该事物究竟如何是不相干的。但它们尽管不相干，直觉上却又有联系，所以在“不相干”的谬误类型中很容易忽略这种“诉诸无知”的谬误。为了更容易辨识这类谬误，我认为将它单独列出来，再加以命名比较好。

除了宗教之外，对许多未知的事物人们也容易提出类似的主张。例如，“科学家往往对于自己不知道的东西抱持否定的态度。事实上，我们对灵魂与宇宙的了解根本不超过全部事实的千分之一。那些科学家根本无法证明灵魂和外星人不存在，但是却主张他们不存在。这实在是井底之蛙的想法。”这种说法有没有让你觉得很熟悉？类似的说法我们在日常生活中会不时听到，更是经常出现在许多科幻小说中，但这样的说法却很有问题，而且牵涉到很多方面。

首先，我们要指出它可能犯了“诉诸无知”的谬误。上文“井底之蛙”的说法暗示灵魂和外星人是存在的，但是也和例中的科学家一样没有任何证明，所以这个对科学家的批评对这个说法也同样适用。

当然，在没有证据证明一种事物是否存在的情况下，宣称其存在与宣称其不存在的思考方式还是有所不同的。差异在于，科学家普遍使用一个称为“奥卡姆剃刀”的原则来判定事物的存在与否，其基本精神是，“如果我们无法证明某一种东西的存在，且它的存在并不会使我们对某些事物有更好的解释，那么我们就先假设它不存在。”根据这个原则，我们目前无法证明灵魂与外星人的存在，而且他们的存在并不会使我们对整个科学与各种自然现象有更好的解释，那么我们就先假设他们不存在。这是符合科学精神的，因为一个事物如果真的不存在，那么我们可能永远没办法证明其不存在。例如，如果神、灵魂或外星人真的不存在，我们要如何证明？在什么样的情况下我们才能证明他们不存在呢？又如，如果有人虚构在两千年前有一个名叫许义的中国人早就发现了计算机原理，但是他的发现全在一场大火中烧光了，那么我们要如何证明这个发明家是不存在的？当一个人宣称某事物存在时，他有义务提出证明或至少是理论上的支持，否则我们随时可以凭空捏造一个东西，然后宣称因为没人能证明它不存在所以它就是存在的。

当然，当我们无法证明某事物存在时，直接否定其存在也是犯了“诉诸无知”的谬误。在科学上，为了方便起见，我们先假设其不存在，这是没有问题的，但是有些科学家不仅假设其不存在，更直接否定其存在。而当某些支持其存在的证据出现的时候，这些科学家无法重新审视自己的观念而仍旧抱以否定的态度，这就可能错失做出重大发现的机会。所以说，对于无法确证的未知事物而言，假设其不存在与否定其存在还是不同的。前者还抱有一个开放的心态随时等待证据的出现，而后者已经封闭其可能存在的想象了。

另外，“我们对灵魂与宇宙的了解根本不超过全部事实的千分之一”，这样的说法也是很有问题的。类似的说法还有“我们对大脑潜能的开发不超过百分之一”，甚至有人说“不超过万分之一”，等等。我们往往会对未知的事物产生丰富的想象，但是到头来却可能发现它并没有什么大不了的。例如，看魔术表演时，我们会觉得它极度神秘与不可理解，但是一旦看穿了其中的把戏，就会发现它其实并不神奇。在电能刚被发现的时候，人们发现电能可以使一个死人移动手脚，他们的想象力就开始飞跃到“距离人能够死而复生的时刻不远了”。

我们目前对大脑的了解的确不太够，但是谁知道等我们了解更多之后会是怎么一回事呢？无论宣称我们目前的了解是百分之一、万分之一还是亿分之一，都没有太大的意义，因为这样的数据根本就无法算出，甚至也无法估计。说不定我们只要再发现一点东西就真相大白了，也说不定我们再发现一点东西后，却开启了一个新的世界，就像 19 世纪末的物理学家以为我们差不多已经知晓宇宙的一切法则了，但是当电子、质子被发现后，才明白我们对属于粒子的微观世界完全陌生。在这种情况下，对已知与未知的百分比估算是没有什么意义的。

在日常生活中，我们也经常依据诉诸无知的自动推理机制进行思维，例如，当你用洗洁精洗刷碗盘时，肯定明白要洗得彻底，不要把这种化学物质残留在碗盘上，然而在怎样的情况下我们会认为没有残留了呢？答案是“摸不到的时候”。也就是说，当摸不到滑滑的洗洁精的时候，我们就认为已经没有残留了。但是只要用我们的大脑稍微想一下就可以知道，残留应该还是有的。要洗到完全没有可能非常困难，事实上也并不需要，只要残留量低于某个程度就可能无害了。但是当我们摸不到时，是不是就已经微量到无害的程度了呢？这很难说，而且每一个人的触感不尽相同，或许当我们摸不到时还不够，再多冲洗几下会比较好。

我们平时判断衣服脏不脏、食物是否腐坏也都是采用类似的方法。衣服闻不到汗味就是还不脏，食物还没有腐坏的味道就是还没坏。穿有点脏的衣服倒没什么，但吃有点坏的食物可能就不太好了。在腐坏的气味能被闻到之前，食物可能已经开始变质了，如果常吃这样的食物也会是健康的一大隐患。所以我们有时需要用理智去判断，而不能光靠这种诉诸无知的思考方法。

而在人与人的相处中，如果某个人某一天做出一个不当的举动，尤其是因此而妨碍了我们的时候，如果我们不清楚他为什么这么做，通常就会自然而然地认为："这个人没有什么特别的理由就做出这种不当的行为，真差劲。"例如，如果一个人开车横冲直撞，差点撞到我们，我们通常会觉得这个人习惯乱开车而不考虑别人，但是或许他有特别的理由这么做，说不定是赶去医院见初恋情人的最后一面。当我们看不到、听不到这些理由时，自然会对这样的行为气愤。然而通常说来，异常的行为背后多半都有特别的理由。当我们知道这些理由之后，就不会那么气愤了。

另外，在骑车或是开车时，许多人会在潜意识里把看不到的地方当作是没车没人的，而车祸就经常在这种诉诸无知的自动思考下发生。而有些人则比较小心，会假设一些死角与看不到的地方可能有人有车，假设看不见的大弯道上有砂石掉落，假设打算逆向超车时对面车道可能有车过来，等等，这样的思考习惯就会大大降低车祸的发生概率。要知道，虽然一般说来，思考中犯了谬误没有什么大不了，但有时却是致命的。

人际关系也是一样，人与人的关系每天都在改变，只是我们基本上觉察不到而已。直到有一天，有人实在受不了我们的某些作风而爆发之后，我们才会发现某些问题的存在。实际上，这样的人际关系的变化是可以通过理智的分析提早发现的。如果我们不再把没有冲突就意味着人际关系没问题这样的诉诸无知的错误的思考习惯继续下去，而用理智去观察人与人之间关系的细微变化，那么我们的人际关系自然会有很大的改善。

练习题：判断是否有诉诸无知的地方。

1. 小玉："听说植物也有情绪呢。"

小王："怎么可能啊，肯定是胡扯的。"

小玉："任何事情都是可能的，你认为不可能是因为你太无知了。"

分析：小玉说"你认为不可能是因为你太无知了"，这句话首先有"轻率联结因果"的谬误。她轻率地认为小王之所以觉得不可能是因为他很无知，但说不定小王有很好的理由支持自己的观点，只是还没说出来而已。而当小玉这么说的时候，暗示着她其实是很相信植物有情绪的，认为小王如果有更多的相关知识就会相信这一点，或至少觉得有可能，那么这有可能犯了"诉诸无知"的谬误——"由于我们太无知所以才觉得不可能"。这种想法预设了确有能让我们相信其可能的知识存在，只是我们还不知道而已。

2. 小王：“我想找出一个股票的必胜法则。”

小黄：“哪有这种法则，如果有，早就有人找到了，哪还轮得到你。”

分析：目前找不到未必是不存在。将“找不到”或是“未知”当作“不存在”的理由，这是犯了“诉诸无知”的谬误。

下面几题请自行练习。

3. 黄老师：“太极生两仪，两仪生四象，四象生八卦。”

小王：“老师，太极这种东西只是迷信，它是不存在的。”

黄老师：“不是这样的，太极真的存在，因为几千年来没人可以证明它是不存在的。”

4. 小玉：“听小花说，科学家已经证明气功可以治疗很多疾病了。”

小王：“她乱说的吧，我就从来没听说过。”

5. 小玉：“书上说咖啡和茶都不要放过夜，喝了会对身体不好。”

小王："我才不信呢，我喝这种茶喝了十多年了，还不是一点事也没有。"

八、"废话"谬误

有些话听起来很有道理，让人觉得是正确的，实际上也的确正确，但却是没有什么意义的废话。说这种话的人原本想要说有意义的话，可能听上去也确实有意义，实际上却并非如此。这种情形虽然不涉及明显的推理过程，所说的话本身也不存在谬误，但由于它被错误地认为是有意义的，我们仍可以称其为谬误，简单地给个名称："'废话'谬误"。例如，某个飞碟专家说："飞碟的存在其实不是完全不可能的事情。"由于这个世界上很少有什么事情是完全不可能的，所以这句话接近于没有任何意义的废话。

有些话听起来很棒、很正确，实际上却没有传达任何有意义的信息。当你阅读上面这段话时，你可能会觉得这种废话应该很容易被查错神经发现，但实际上不然，除非特别训练过，否则我们自己在一天中可能都会说很多次这种废话还自以为了不起，也可能听到很多专家学者说这些废话而不觉得。它们在日常生活中出现的频率非常高。

举例来说，一个人去算命，无论是抽签的签文还是算命先生说的话，出现废话的概率都很高，比如，“你的命其实不算太差，只要好好努力，还是有发展空间的，你求的事情也有可能会达成。但是一定要记住，千万不要过度自信，否则到头来有可能会一场空。”

如果我们怀着虔诚的心去听上面这些话，会觉得很有道理，觉得很有道理就会觉得很准。如果再回忆过去的自己，的确，过度自信导致失败，而充分的努力带来成功或是进步，这么一来，我们会觉得算命算得真准。但实际上，上面所讲的每一句话几乎都是废话。何以见得？当我们说“某个人的命不算太差”，其实并没有传达有意义的信息，因为我们没有清楚界定怎样的命算是太差。另外，“只要好好努力，还是有发展空间的”，这句话的问题在于，怎样的努力算是“好好努力”呢？既然已经好好努力了，当然会有发展的空间，否则努力怎么能称得上“好好”呢？这句话中，“好好”在某种程度上是用“有发展空间”来定义的，因此这是一种循环界定。循环定义的句子一定是正确的，但却完全没说清楚任何问题。因此，这是一句没有实际意义的废话。至于“你求的事情也有可能会达成”，也是一句废话，因为日常生活中任何事情都是有可能的。如果我们真的觉得某些事情不可能，大概也就不会去求神问卜了。再者，“千万不要过度自信，否则到头来有可能会一场空”也是一样，重点在于怎样的自信算是“过度自信”。如果导致失败的自信算是过度自信的话，那么这也只是一个循环定义的句子，没能够传达任何有意义的信息。

当然，不同的人对上面的话会有不同的解读，每个人都会根据自己能接受的程度给“好好努力”与“过度自信”一个定义。既然定义出自我们自己，我们当然会觉得很有说服力。而当一个虔诚的信仰者感到有说服力时，会对这些话做出积极的解读，那么这些话对信徒或许是有鼓励作用的。从这个意义上说，它们是具有实用价值的。但是在查错神经的训练上，我们必须清楚，这些话本身并没有传递任何有意义的信息，我们也不希望为了一点点的激励作用而放任错误的思考，以致产生糟糕的后果。

在哲学对语句的分类中，有一种区分方法是把语句分成“分析语句”和“综合语句”。这种区分方式是特别针对可以转化成“A 是 B”形式的语句的，例如，“叶子是绿色的”，“冬天是天气很冷的一段日子”，或者“我打了他是一个事实”，等等。对于这样的一种形式，我们把“是”前面的部分称为“前项”，把后面的部分称为“后项”。那么所谓的“分析语句”就是“后项所表达的意义已经全部包含在前项里面”的语句。

例如，“白花是花”，这个句子的前项是“白花”，后项是“花”，前项的意义有“白色”和“花”，而后项的意义只有“花”，所以后项的意义完全在前项之中，这样的语句就叫分析语句。要特别注意的是，这种包含是意义上的包含，并不是文字上的包含。例如，“单身汉是男人”，前项“单身汉”的意义有“男人”和“目前不处于婚姻状态”，而后项的意义只有“男人”。这个语句中前项的文字并没有包含后项，但是意义却包含，这样的语句也是分析语句。又如，“单身贵族是贵族”，这个语句的前项“单身贵族”的意义有“单身”、“收入高”，后项的意义则是“具有特定的尊贵的血统”。在这个句子中，虽然后项的文字包含在前项之中，但是意义却不包含在内，这样的语句就不是分析语句。

另一种容易混淆的例子是，某些字词通常跟某种属性连在一起，但其本身并不具备这样的意义。例如，“雪”通常是白色的，但“雪”这个字本身并没有白色的意义，所以“雪是白的”这样的句子并不是分析语句。而“综合语句”是指“后项具有前项所不具有的意义”的语句。因此，不是分析语句的语句就是综合语句。

分析语句的特点是不可能为假，所以我们有时也称之为“必真句”。但是这种必然为真的语句也没有什么价值，因为它实际上是废话，日常生活中是不会有人对这样的话感兴趣的。但是这种分析语句式的话在人们叙述某些生活准则或价值观时被使用的频率超乎大多数人的想象，而且使用它的人有很多是著名的政治人物、大企业家、学者等。很难想象是吧？原因在于这种话并不容易被发现是没有意义的，而且由于其根本无法反驳，所以听起来非常有道理。

这种废话几乎每天我们都听得到。例如，在开车听广播时可能听到："年轻人不要太过要求被尊重。"听起来很有道理是吧？其实这是分析语句式的废话，是一个绝对不会错的废话。这类语句并不像前面谈到分析语句时所说的，有个"是"来区分前项与后项。它们是陈述价值观念或道德准则的，里面会用到一些特别的字词，如"适当"、"太过"、"太少"等。当我们使用"适当"一词时，由于它本身就已经有"好"的意义，所以当我们说"要适当地……"时，这样做的结果一定是好的，而当我们说"不要太过……"时，也一定是好的，无论将什么代入都不会有影响。因此说这些话的人就像是在陈述一个分析语句，其实是在说废话。我们可以称这样的推论或陈述为"'分析语句式'的谬误"。

在股票理论方面，常常听到有人说："股市涨太多一定会跌下来，跌深一定反弹，这是一定要把握的原则。"事实上，这是无法把握的废话，因为我们永远不知道什么样的时候是涨太多或是跌太多。另外，也有人说："股票赚钱的基本定理就是高卖低买。"这也是一样的，如果没有指出何谓高何谓低，这句话就等于废话。

所以请注意了，当我们说了一番自以为很有道理而且别人很难反驳的话时，先别高兴得太早，因为我们说不定只是说了一堆废话。听到专家说了一些很有道理的话时也不例外，要好好省察一下。

另外，有些话是很有意义的，它的确传达了重要的信息，但是如果它原本的目的是达成某种功用，而其语言本身对此完全无效时，我们也可以称其为"'废话'谬误"。举例来说，小王的朋友小花参加演讲比赛，比赛前小王发现小花非常紧张，于是他跟小花说："不要紧张。"小王说的这句话的意义是很重要的，传达了很重要的信息，因为紧张容易让人表现失常，但是我们几乎可以确定，这句话对于让小花不紧张这一目的完全没有帮助。因为紧张不在我们意志的控制范围内，小王所说的话对小花恐怕一点作用也没有，甚至会让她更紧张。我们知道，微笑、分散注意力等会让人放松，如果这时小王给小花讲一个很好笑的笑话，或是变个魔术分散她的注意力，都可能有效，但是直接说"不要紧张"并没什么意义，就像去探病时跟人说“你要赶快好起来”一样。同样，教练跟即将参加比赛的队员说“要对自己有信心”，其实也没有意义。信心不是说有就有的，这句话的目的是想增强队员的信心，但是并无用处。不过如果教练改说“记住，你们是最强的”，这句话或许能够达成这一目的。

练习题：判断是否有“废话”谬误。

1. 小王对小玉说：“不要浪费时间，不要盲从。盲目地跟风消费是不对的，过多地逛街也不好。还有，不要太过劳累，也不要太晚睡。”

分析：以上小王所说的几乎都是废话。但是如果说话当下有所指涉，则不是“废话”谬误。例如，如果小王对小玉说“不要太晚睡”时，说话的时候已经太晚了，那么这句话就已经指出何谓太晚，因此不算“废话”谬误。所以当类似用语出现时，必须省察是否提到何谓“浪费时间”、“盲从”、“过多地逛街”等。如果并未讲清楚就是废话，否则就不是。也就是说，并非使用类似用语就一定是“废话”谬误。但是当类似用语出现时，一定要启动查错神经。

2. 要好好把握年轻的时光。

分析：只要语句中有“要好好把握……”就一定是对的。如果没有清楚指出怎样的把握算是“好好把握”，则是“废话”谬误。这样的谬误无须从任何依据出发即可推出正确的结论，只需依赖字词本身的意义即可。但这并非推理过程错误，错误在于这句话的意思看似很有道理但并无实际价值。

3. 在马路上骑车一定要注意安全，不要太快，也不要太慢。

分析：“太”这个字当作“过度”的意思使用时，我们说“不要太……”，无论将什么代入几乎都是对的。因此“不要太快，也不要太慢”这样的说法几乎是不会错的，它很有道理，但却没有意义。但是如果说话的时候正在骑车，而且骑得很快或是很慢（指比一般人的速度快很多或是慢很多）时，这句话就可能指涉当时的速度是太快了或太慢了，这样一来，就不算是废话。

4. 抽烟不完全是错的。

分析：很多人喜欢用这样很保守的说法来陈述意见。当我们使用的句子结构是“……不完全是错的”，也可以算是废话了，很少有什么东西代入会使它变成错的。因为几乎任何事情都找得到优点，只要有优点就不会是“完全错的”，也就可以说“不完全是错的”。那么，这样的说法就无法传达任何有实用意义的信息。例如，即使我们说“恐怖主义不完全是错的”也是能够成立的。当我们听到这样的说法时，会自然而然地去思考其优点，至少恐怖活动能突显某些族群的诉求，那么即使它在很多方面很不好，我们也可以说它“不完全是错的”。因此，这也算是一种“废话”谬误。

下面几题请自行练习。

5. 某政府官员跟学校代表说：“如果学校爆发疫情，我们不必太过惊慌，隔离的措施也要适当，而停课也应适可而止。”

6. 健康专家说：“喝酒要适量，运动也不要过度，尤其不要乱吃东西。”

7. 老万把幼儿园的盆栽弄坏了，小王很生气，小玉说：“别生气啦，这不完全是他的错。”

8. 我们应该多多学习别人的优点。

九、“妄下结论”的谬误

如果理由不充分，甚至没有明确理由就直接下结论，便是犯了“妄下结论”的谬误。尤其是对于早已有定见的事情，人们最容易犯这种错误。例如，小花从小生长的环境使她觉得吃大鱼大肉才是幸福快乐的事情，只有吃不起肉的穷人家才会光吃蔬菜。当这样的想法在小花心中已经成了定见之后，如果有一天医生建议她长期吃素，她自然而然会觉得自己很可怜，要过穷人的生活了。如果问她为什么吃素就是穷人的生活，她也许只能回答：“就是这样啊，这有什么好说的。”

前面提到的许多谬误如“不相干”的谬误、“轻率联结因果”的谬误、“以偏概全”的谬误，甚至是“把合理当正确”的谬误等，都可以算是“妄下结论”的谬误。这种谬误所包含的范围很广。我们之所以又给出这样一个名称，主要是希望能涵盖其他一些前面没有提到的谬误形态。

此类谬误可分为两种形态：第一种是当证据明显不足时，却以坚信的口吻直接断定某结论一定是对的，更糟的是第二种，即在完全没有任何证据或理由的情况下，直接宣告某结论是正确的。提出这类谬误主要是希望，当我们做出“下结论”

的行为时，查错神经可以发出警报，使我们反思一下这一结论的支持理由是否已经清楚地表达出来，以及是否能满足我们对该结论的肯定程度。

在日常生活中，我们往往有很多非常笃定的主张，而且觉得有充分的证据与理由来支持这些主张。但是当我们试图说服别人时，常常会觉得无法把自己的理由说清楚，因而陷入难以说服别人的窘境。当人们遇到这种情况时，往往不会反思自己的主张是否有问题，而是感叹别人无法了解。

在这样的情况下，我们应该思考这样的问题：我们如果无法说服别人，究竟是如何说服自己的？为什么我们明明感到有很充分的理由，但却说不出来或是说不清楚呢？

造成这种状况的可能因素很多，其中当然包括我们认为的“表达力不够好”或是“跟人辩论的能力不足”等。但是如果跟你讨论的人是个理解力很好的人，是个可以帮你分析你的想法的人，那么由这些因素造成的可能性就很低了。但无论如何，在难以说服别人而能说服自己的状况出现时，查错神经应当发出警报：“我们说不定犯了‘妄下结论’的谬误而不自知。”有时我们依赖某些直觉，或是不知从何时开始就自然而然接受的观点，但它们可能只是来自环境、习俗或信仰，其支持理由通常是缺乏说服力的。

举例来说，现在仍有许多人认为："厨房是男人的禁地，一个有气魄的男人是不应该在厨房里做家务的，否则会变得娘娘腔。"持这样想法的男女都有，而且有人很强烈地如此主张。但是当有人提出反对意见时，他们通常很难说服别人，讨论到最后通常都是一句"反正就是这样，别再啰唆了"。你如果也曾经说过类似的话，那么应该反思一下是否犯了"妄下结论"的谬误。

类似这样的信念大都是在长期的影响下自然而然形成的，而且常常跟其他很多观念紧紧联系在一起，例如，"能做好家务是女人贤淑与否的重要标准"、"具有女人特质的男人不像男人"、"男人就应该到外面拼出一番大事业"等。当我们有一大堆与"男人不应该待在厨房"相关联的观念混在一起时，要跳脱这些观念就必须整个跳脱出来，其难度自然非常高。

有时，这种彻底的改变也并不一定必要，因为每个人都可以有自己的原则和想法，但是我们需要明白这是一种"妄下结论"的谬误。前面说过，有谬误没有关系，坚持谬误导出的结论也没什么大不了的，但是我们至少要知道它是一种谬误。这样，当我们的坚持会产生很大的问题时，我们就可以不要那么坚持，或者至少暂时不要那么坚持。例如，何必为了家务的琐事跟家人激烈争吵呢？

同样，当你的亲人或朋友具有某些刻板的印象时，其实也不用要求他们改变，因为这样的要求几乎是难以在短时间内达成的，只要让他们知道他们所坚信的未必是正确的就可以了。但如果仅仅因为他们的想法来自“妄下结论”的谬误，你就主张他们的结论是错误的，那么你也犯下了“妄下结论”的谬误，因为推理错误不代表结论错误——这一点会在第 3 章加以说明。

除了日常生活中来自社会习俗的刻板印象之外，有些人直接否定或是肯定玄学、宗教等的某些观点，有些人将某些小报消息直接当成真实的，有些人则把道听途说的故事当作事实，这些都是“妄下结论”的谬误。

因此当你无法说服别人时，请启动你的查错神经，因为你可能犯了“妄下结论”的谬误。

练习题：寻找妄下结论的地方。

1. 小玉：“听说植物也有情绪呢。”

小王：“怎么可能啊，这都是胡扯的。”

小玉：“你对植物有多少认识啊，不懂还敢乱说。”

分析：在这个对话中，小王直接否定小玉关于植物有情绪的说法。小王的既有知识让他认为这是不可能的，甚至连小玉在哪里听说或是为什么有人这么说都没问就直接下结论，这是犯了“妄下结论”的谬误。然而，小玉的响应有没有也犯这个谬误呢？从小玉的措辞来看，她也有点像是在妄下结论。不过，她的意思其实是让小王在不了解植物的情况下别乱说，这一点不算是妄下结论。而如果小玉主张我们对植物不认识所以植物有情绪，那么她也犯了“妄下结论”的谬误。然而从另一个方面来说，小玉宣称“小王不懂”，这倒有可能是妄下结论，这必须看她平时对小王的了解到什么程度。如果小王和小玉非常熟悉，她应该真的知道小王不懂植物，那么她就不算是妄下结论。

2. 小王和小玉的儿子老万和他的一个小学同学老段一起玩耍，小王看到了，跟小玉说：“我一看老段的长相就知道他不是个好孩子，不要让他们一起玩了。”小玉说：“我也有同感。”

分析：一般说来，从长相看一个人是好是坏是行不通的。这种根据一个人的长相来推断其内涵的做法很可能是“不相干”的谬误，也是“妄下结论”的谬误。

3. 小花："听说小草去参加元派气功后发现对身体很有帮助，他以前常常头痛，现在已经好了，所以你们也可以去学啊。"

爸爸："乱七八糟的迷信，根本就没有任何科学根据，那些都是骗人的。"

分析：小花有"轻率联结因果"的谬误，她将小草"学气功"和"身体变好"用因果关系联结起来，这种目前仍旧没有科学实证的因果关联我们必须谨慎面对。如果小花说"或许元派气功真的对身体有帮助"则不算谬误，因为这样的可能性确实存在。另外，小花也犯了"以偏概全"的谬误，她借由"气功对小草的身体健康有帮助"推理出"气功对大家的身体健康都会有帮助"。另外，小花还犯了"妄下结论"的谬误，因为她把听说的事情当作真实的，依据日常生活的经验我们就可以知道，听说来的消息很多都是错的。而如果这样的传言是合理的，这也算是"把合理当正确"的谬误。另外，爸爸也犯了"妄下结论"的谬误，因为他根本没问究竟是怎么回事，就直接凭着自己既有的想法来否定一个信息的可能性。

下面几题请自行练习。

4. 小王："小花今天心情很差，一定是因为昨天股市大涨，而她前几天把股票都卖掉了。”

5. 小玉：“明天天气会很好，只要看今晚满天繁星就知道了。”

6. 小绿：“美国政党轮替之后就是经济噩梦的开始，现在这个执政党的能力也太差了吧。”

十、“歧义”的谬误

“歧义”指的是一个词有好几个不同的意义。在一个推理中，如果某个词在不同的意义上被使用，则此推理就可能犯了“歧义”的谬误。例如，小王走进便利商店买烟，他说：“麻烦给我一包七星次淡的。”于是店员拿了一包尼古丁含量为七毫克的七星牌香烟出来。小王说：“不是这个，次淡的不是这个。”店员说：“三毫克的是最淡的，所以比三毫克多一级的七毫克的是次淡的。”小王说：“七星牌还出了一毫克的，所以一毫克的才是最淡的。”店员说：“不对，一毫克的就叫作一毫克的，最淡的是三毫克的。”

在这个对话中，“最淡的”一词有歧义，小王所谓“最淡的”指的是其字面意义，也就是真正最淡的，所以是一毫克的。但由于过去七星牌香烟没有一毫克的，所以大家称三毫克的是“最淡的”，久而久之，“七星最淡的”就是指三毫克的。店员所谓“最淡的”是其习惯称呼的名称而非其字面意义。

这种因为歧义而导致的误解在日常生活中常常出现。当我们跟人沟通感到有问题时，要小心是否产生了歧义。意识到这一点，就会减少很多的误解。不过，这是沟通的问题，原因在于不同的人使用了同一个词，而且在不同的意义上使用了这个词，从而产生误解，这不算是典型的推理错误。一个典型的推理错误应该是一个人自己做了一个推理，而在这个推理中，使用了某个词的不同意义。

中国古代公孙龙“白马非马”的著名诡辩也与这种谬误相关。相传，有一天公孙龙骑着一匹白马要进城，城门的看守官说，依照规定马不可以进城。于是公孙龙就开始他的论证——白马非马，最后说服了守城官，骑着他的不是马的白马进城去了。他的论证大概是这样的：“马”指的是马的形态，“白马”指的是马的颜色，而形态不等于颜色，所以白马不是马。

这个论证就是利用“歧义”来混淆事实。也就是说，在这个论证中，某个词有两个或两个以上的意义被同时使用。在这里，“是”这个词可以用来表达“属于”的关系，例如“白兔是兔”，也可以用来表达“等于”的关系，例如“孔子是至圣先师”。当守门官说“马不可进城，白马是马，所以白马不可进城”时，“是”被用来表达“属于”的关系。当公孙龙论证“白马不是马”时，“是”被用来表达“等于”的关系。所以简单地说，他们其实是鸡同鸭讲，不是在谈论同一件事。也就是说，如果单看公孙龙的论证，我们可以说其论证是没有问题的，而他的结论“白马不等于马”（白马非马）也可以是对的，但这并不能用来反驳守门官所说的进城规定：“凡是属于马的都不能进城”。

如果一个论证犯了“歧义”的谬误，我们一定可以找到一个词，这个词无法从头至尾保持相同的意义。如果保持了，就会使论证无效。也就是说，论证中至少有一个地方无法继续使用该意义。所以当你主张一个论证犯了“歧义”的谬误时，你必须指出：（1）哪一个词有歧义？（2）它的定义是什么？（3）此定义在论证中的哪部分无法使用？或者这个词有哪两个（或两个以上）意义同时存在？你如果能指出来，那么就找出了这个谬误了。

然而尤其是在日常生活的对话中，有些歧义很难被发现。例如，有一天一个学生对我说：“在去学校的山路上常常会遇到很多开得很慢的车。”我回答：“对啊，其中一个就是我，我喜欢慢慢开车，体会身处山中的感觉。”学生说：“有些车开得慢又不让别人先过，真是讨厌。”这时我回答：“这么急干什么，急着去医院报到吗？”

如果这个对话只停留在这里，就有一个“歧义”的谬误所造成的误解而对话双方没有发现。后来，通过进一步的分析和讨论，我才发现其实我们两个人是鸡同鸭讲，问题的关键在于对“慢”这个词的理解。当学生说有人开车很慢时，这个“慢”指的是时速约二十公里，而此山区道路的限速是四十公里，且山道狭窄，难以超车。车开得慢没什么不好，喜欢开慢车在山中悠游也没有错，但是如果后面有车要过时，应该礼让别人，总不能逼别人和你一样悠闲自在，说不定人家有急事。

所以在这种情况下，不让路的确很不应该，学生觉得这样的人很讨厌是很正常的。然而在我的理解中，那个“慢”指的是符合限速的大约每小时四十公里。这是我惯常的时速，但由于多数人会超速开到五六十公里，所以我把时速四十公里理解成“慢”也是很正常的。另外，由于很多人喜欢在山路上飙车，而且有多次重大意外事故发生在学生身上，所以我才会自然而然地说出那样的重话，但学生听了就很可能会认为这个老师实在太不讲理了。其实，整个误解就是由一个未被注意的歧义造成的。

另外，“歧义”的使用虽然在逻辑方面被视为一种谬误，但是在许多其他地方，却是一个很好的工具。比如在处理政治事务时，尤其是外交政策的措辞方面，很多时候人们会有意使用一些模糊的概念，便于从不同角度解读，使本国的政策更有弹性和回旋余地。文学上也经常有这种用法，我们称之为“双关语”。

在日常生活中，当别人用“歧义”的谬误试图说服我们时，即使没有经过特别的查错神经训练，我们通常也会有一种怪怪的感觉，但不一定能够找出谬误所在，所以练习的价值主要在于帮助我们准确地找到这些谬误。只要在一个推理过程中同时使用了某个词的不同意义，就是犯了“歧义”的谬误。

练习题：寻找歧义。

1. 小王：“昨天发考卷后，小黄跟我说他考得不好，结果竟然是八十分。明明就没有考得不好，他真爱骗人。”

分析：在这个说法中，小黄可能原本认为自己能考满分，但却只考了八十分，所以会认为八十分是“考得不好”。但对小王来说，八十分并非考得不好。因此在小王的说法中，“考得不好”可能有两个意义在同一个推理中被使用。第一次使用“考得不好”时，是小黄说的，应以小黄的标准来定义，在这个定义下八十分是考得不好，而第二次的“考得不好”是小王说的，在小王的定义中八十分不算考得不好。所以这里有歧义，小王的推理犯了“歧义”的谬误。

2. 小玉：“之前小花跟我说她最怕蜘蛛，我昨天在化装舞会上扮成蜘蛛去吓她，结果她竟然一点都不害怕，真是爱骗人。”

分析：小花很可能不是害怕蜘蛛的外形，而是蜘蛛这种生物，因此假扮的蜘蛛不会让她感到害怕。在这样的情况下，小玉推理中的“蜘蛛”一词的意义有两个：第一是“蜘蛛这种生物”，第二是“蜘蛛这种外形”。如此一来，小玉便犯了“歧义”的谬误。

3. 小花：“小王昨天跟我约在‘我家’门口见面，结果我在‘我家’牛排馆门口等他好久他都没来，还说我没到，真是恶人先告状。”

分析：这个例子来源于一个笑话。事实上，小王是约在小王的“我家”门口，但是小花以为是约在“我家牛排馆”门口。因此在这个叙述中，“我家”第一个意义应该是“小王家门口”，第二个意义却是“我家牛排馆门口”，所以小花犯了“歧义”的谬误。

下面几题请自行练习。

4. 黄老师："田老师说他最近在组织一个志愿者团队去服务有学习障碍的儿童，并且办一个露营团队。可是我很不同意，因为这些有学习障碍的儿童智商会有一些问题，怎么可能学会露营呢？"

5. 小王："唉，小黄真是身在福中不知福，他竟然觉得北京的交通状况很差，难道他不知道北京有非常便捷的地铁系统吗？这种交通状况还算差的话，什么样的交通状况才能算好的？"

6. 小玉："昨天黄老师说我的论文里面有逻辑错误，真是离谱。他一定是连看都没看就乱批评，因为我的论文里根本就没有讨论逻辑。"

7. 黄老师问小花："找对象的主要考虑是什么？"

小花："要投缘的啊。"

黄老师："头圆这么重要啊？扁的不行吗？"

8. 小花："卖水果的都会在苹果上面涂一层蜡，让苹果看起来比较漂亮。”

小玉：“现在的商人太没良心了，涂这种有毒的东西不怕报应吗?”

十一、“不当模拟”的谬误

当我们将A、B两个在某些方面相似的事物做模拟，即以A的某个特质来说明B的某个类似特质时，如果这两个特质在某些方面的不同点被用来做推理，则犯了“不当模拟”的谬误。

中国古代有个人叫朱买臣，他很穷但读书很用功，但他的妻子受不了这种苦日子，就离开了他。后来朱买臣当上了太守。当他衣锦还乡时，他的妻子希望可以跟他复合，朱买臣却叫随从端来一盆水倒在地上，然后对她说：“我们的关系就像泼在地上的水，再也收不回来了。”

这是有名的成语“覆水难收”的故事。在这个故事中，朱买臣可能犯了“不当模拟”的谬误。他把“覆水难收”跟“夫妻离婚后难复合”做模拟，虽然二者在困难程度上有些类似，但是两者的困难之处却是不同的。因为泼出去的水想再收回来有实际的困难，但与妻子复合却只是意愿的问题。如果朱买臣想借此表达的是“与妻子复合就像泼出去的水无法再收回来一样有实际的困难”，那么就犯了“不当模拟”的谬误。因为这是不同的两件事，在夫妻关系方面，只要他愿意复合即可，但是要想收回泼出去的水，即使他愿意，也很难做到。

然而如果朱买臣想表达的是“我的感情如泼出去的水难以收回”，那么虽然感情难以收回的方式和泼出去的水难以收回的方式是不同的，但在这种解读下，我们可以将其视为文学性的比喻而非谬误。因为其模拟的目的只是要强调难度，并没有打算给出“感情复合有实际困难”的结论。在这样的情况下，我们如果还称其有不当模拟，就可能犯了“批评稻草人”的谬误，因为我们误解了他的意思又去批评他。但是故事中似乎看不出朱买臣只是做个文学性的比喻，他似乎是想借此要要威风。

人们常常喜欢使用模拟来表情达意，这种模拟也常常很有效果地传递出某些言辞不易表达的感觉，但是也很容易产生错误的解读。例如，“母亲就像是冬天的太阳一般”，这个比喻的意思是说，冬天里人们非常需要阳光，太阳一出来大家都非常高兴，感觉到一份温暖。如果这么理解，这句话是没问题的，而且很成功地把母亲带来的温暖感觉和人们对母亲的依赖展现出来。但是我们对“冬天的太阳”的感觉却是很复杂的，例如，在台湾北部，冬天里很少看到太阳，那么这模拟的意思是说母亲很少出现吗？另外，在纬度更高的地方，当气温非常低时，太阳出来一点用处都没有，不会让人有温暖的感觉。相反，当地面积雪时阳光的出现会使人感到非常刺眼，所以很多住在纬度高的寒带的人们不太喜欢冬天的阳光。如果依照这种感受来看，上述模拟就会失败而可能造成误解。

又如，某地区政府想要建设新的核电厂，反对者认为，"核电厂就像是原子弹一样，一旦出事整个城市就毁了，这么危险的东西为什么要建这么多呢?"这样的说法是把核电厂和原子弹做模拟，认为核电厂和原子弹一样危险。这可以算是一个"不当模拟"的谬误。就核电厂和原子弹的运作原理而言，二者的确类似，都是通过铀等元素的一系列连锁反应产生大量的能量。这些能量如果控制得当可以很好地用于电力供应，如果使其在短时间内大量释放则会产生可怕的爆炸。但尽管二者在产生能量的机制方面有类似之处，却并不表示其危险性是一样的，关键在于采用何种做法。因此用原子弹的危险性来模拟核电厂，这样的推理可能就有问题了。

在日常生活中，我们可能会在无意间就犯了"不当模拟"的谬误，以我自己为例。有一次，我在一条山间小路上漫步，这条小路依山傍水，景色宜人，但由于道路狭窄，旁边就是数米深的河谷，走起来也有点危险。那是一个刚下过雨的午后，凉风习习，但路面很滑，我走到一半发现农家养的一只鹅堵住了去路，而且摆出一副很凶、不想让人过的样子。这时，我犹豫了一下，是应该把它打跑呢？还是应该掉头往回走？这时，我想到在类似情况下对付狗的办法——如果走在路上发现有狗出现类似行为时，我们可以慢慢从旁边走过，只要不惊吓到它，狗通常只会虚张声势，并不会主动攻击。于是，我用同样的办法安安静静地、慢慢地从鹅的身旁走过，直到我很接近它的时候，我还一直相信它只会装腔作势，不会真的攻击。但是，我错了。这只鹅伸长脖子用力啄我的脚。老实说，被鹅啄并不疼，但我在那一瞬间着实吓了一跳。这突然的惊吓使我本能地往后跑，但两条腿不听使唤，于是就跌倒了，距离河谷只有大约十厘米。虽然最终没有大碍，但是这个例子说明了一个错误的推理可能会导致可怕的后果。

事后想想，这是一个“不当模拟”的谬误。虽然狗和鹅有相似之处，都属于被人豢养的动物，但却不能依据这个类似性去推理它们都只会装腔作势。因为这两者（被人豢养与只会装腔作势）是没有什么关联的。如果我可以早点发现这个谬误，自然就可以减少一分不必要的危险。

练习题：找出不当模拟的地方。

1. 自从A国的猎豹被馈赠给B国的国家动物园后，当地民众一窝蜂地去看这些异域来客，把原本很受欢迎的本国豹类都冷落了。B国有人不满地说："我们本土的东西就这么比不上A国的东西吗？当心我国的意识和精神就这样被A国的意识和精神给取代了。"

分析：A国的猎豹和B国的豹子会有一些相似之处，由于B国的豹子是本土动物，而A国的猎豹是国外来的，因此上面的说法就把它们之间的竞争模拟成本土的意识和精神同国外的意识和精神的竞争。由于A国的猎豹比较受欢迎，这一状况就被模拟成本土的意识和精神被忽略了。这样的推理就属于"不当模拟"的谬误。因为大家争着看A国猎豹而忽略本土豹子的时候，大概很少有人会想到所谓意识和精神的象征吧。

2. 在某个广播节目中，某位被访问的专家说："孩子一直不断要求听一样的故事，这是一种欣赏艺术的极高境界，就像许多人会一直重复听歌剧的某些片段一样，是在体会里面艺术的精华。"

分析：孩子可能只是因为听到某个故事很感动或是觉得很

刺激等，才一直听那个故事，将这种行为模拟成许多人会重复听歌剧的某些片段恐怕是不当模拟。而依据不当模拟的推理就犯了“不当模拟”的谬误。这当然也可以解读成前面提到的“批评稻草人”的谬误或“赞美稻草人”的谬误。

3. “瓦斯就像炸弹一样会爆炸，刚刚那个人骑车载着好几罐瓦斯还骑那么快，就像是载着炸弹在路上乱跑一样，真可怕。”

分析：这也是“不当模拟”的谬误。虽然两者都会爆炸，但是它们的爆炸方式是不同的。因为瓦斯罐不会像炸弹一样从内部将金属外壳炸开，只要瓦斯气体不外泄就没关系。当我们考虑其不同点时就会发现，就算瓦斯真的外泄了，由于是在室外，爆炸的可能性也很低。

4. 小王：“学校那位老师常常生病请假，他的身体就像小草一样弱不禁风，我想他大概很容易就被踩死了。”

分析：这是一个明显的“不当模拟”的谬误。老师常常生病和小草的弱不禁风有些类似，但将老师的身体模拟成很容易被踩死的小草就很离谱了。

5. 小王提出一个关于灵魂的理论：“灵魂事实上是一种被

大脑制造出来的东西。当人的大脑发生剧烈作用时，就会造出一种能量而留存在空间里面。”

小黄：“这理论太荒谬了，让人很难接受。”

小王：“哥白尼当时提出太阳中心说的时候也被认为是很荒谬的，我的想法和他的一样最后都会被证明是正确的。”

分析：在提出时被认为是荒谬的这一点上，两个理论是相似的，但这不代表经过一段时间后它们同样会被证明是正确的。这是“不当模拟”的谬误。

下面几题请自行练习。

6. 小绿看见小王在吃棒棒糖，小绿说：“你真的很像小朋友。我看你跟小朋友一样幼稚。”

7. 小绿和一群女生一起去逛街，小蓝看见后说：“真是一个娘娘腔。”

8. 在自然界中美丽鲜艳的事物经常是碰不得的，例如，美丽的玫瑰有刺，鲜艳的蜘蛛和蛇有毒，因此美丽的女人也是带刺有毒而不能乱碰的。

9. 人类连这么小的病毒都难以对付，还敢说自己是万物之灵？

十二、“错误解读”的谬误

当我们对某些人的言辞、表情、肢体动作有所误解，又依据这些误解去推理时，就犯了“错误解读”的谬误。例如，有一天，小花对小玉说：“阿呆在上课时常常盯着我看，大概是很喜欢我吧。”小玉很好奇地跑去问阿呆，阿呆回答：“没有啊，我一直都专心看黑板。”小玉说：“你真没礼貌，跟我说话都不看我，还看着旁边。”阿呆说：“喔，对不起啊，我有斜视。”

一般来说，大多数谈论谬误的书不会把“误解”当作一种谬误，就算当作是谬误，也往往会将其归类为“批评稻草人”的谬误或是“歧义”的谬误。但是这本书的目的不在于介绍一个完整的谬误学说，而在于锻炼检查错误的敏感神经，所以本书对谬误的命名与分类主要是为了更好地辨识日常生活中的错误思考。而“错误解读”在日常生活中经常发生，而且很多“错误解读”的谬误与“批评稻草人”的谬误差异很大，因此我认为有必要将其作为一个单独的主题来讨论。

我在美国念书的时候，常常会听到广播节目主持人提醒驾驶者，在开车时尽量不要去看别的驾驶者，尤其是在有任何争端的时候，因为这样的时候非常容易错误解读眼神与表情而导致更大的冲突。举例来说，如果有一天你开车时有人向你按了喇叭，这时你可能心里不高兴，觉得对方这么赶时间做什么。然后当他超车时你们二人四目相对，这样的时候我们通常都会有不好的解读，你可能会认为对方不怀好意，而对方可能认为你很不爽。如果刚好你们那时情绪又不稳定，说不定有一方会口出恶言，然后有可能爆发更大的冲突。

但是这样的情况完全可以避免，如果二人不四目相对的话，就不会有这样的解读，也就不会有这样的推理。更何况，这种推理的错误率其实很高。对方可能只是很好奇，想知道这位开这么慢的仁兄到底长什么样，或是车上有人正在打赌说，开这么慢的一定是女人，而他们只是想知道是不是这样。你可能原本也没有不爽，只是想知道是谁这么赶时间。但是由于互看可能造成误解，而依据误解就可能推出错误的结论，依据错误的结论做事情说不定会导致严重的后果。因此，让查错神经对这样的谬误增加一些敏感度是很有必要的。

然而，万一不小心四目相对了该怎么办呢？广播节目主持人所提供的建议是：“露出微笑或是举起手打招呼”。即使你正在因为对方向你按喇叭而生气，即使对方猜测你可能很不爽，但是当我们看到别人的笑容或是招呼时，也不会解读成对方不高兴。当然，这也可能是“错误解读”的谬误，因为对方可能真的很不高兴，只不过用笑容来掩饰而已。但是这种谬误是有好处的，可以让生活减少许多不必要的纷争。因此这种误导不仅无须刻意避免，还可以多多益善。

另一种经常出现的“错误解读”的谬误是传言造成的误解。当有人跟你说某人在背后说了你什么坏话时，有趣的是，我们通常都会照单全收，而且会想象成一种恶意。然而事实究竟如何是很难说的，如果我们还原当时说话的脉络，即使传达者毫无错误地转述了别人所说的坏话，它的意思有时也会跟原来的很不一样，更不用说转述者常会传达失真了。

有时错误解读会被用来制造更好的广告效果。例如，如果我要推荐某个负离子产品，首先我可以引用一大堆科学发现与科学理论介绍负离子是什么样的东西，然后在没有任何根据的情况下告诉你负离子是最现代的新发现，而且对健康很有益处。如此一来，在我们自然而然的思考中，很容易就会认为是有很多科学理论证明负离子产品对健康有益，但实际上，这可能完全没有科学根据。广告里对科学理论的引用完全只是说明了负离子是什么，但由于紧接着就说到负离子很好，虽然其中并没有提到任何支持负离子很好的科学理论，我们还是会产生一种印象，认为“负离子对健康很重要是有科学根据的”。

又如，找一个身材很好的人来推荐健身器材、减肥产品等，这个代言人说：“我最喜欢使用这个产品。”这样的广告会让我们自然而然产生一种联想，认为这个代言人就是因为使用这个产品才会有这么好的身材，但是代言人可能根本没有好好使用过该产品。虽然如此，这大概也不算是不实广告，因为代言人从来没跟你说他是因为使用这个产品所以身材变好了。你的误解导致了谬误，只好自己负责了。当然，这样的误导是广告商故意造成的，但是如果你的查错神经足够敏锐，你就不会产生这个错误认知。

练习题：寻找有错误解读的地方。

1. 刚刚那个超车的人在超车前还按喇叭，摆明是嫌我开得太慢，真是可恶极了。

分析：其实很多人在超车之前都会先单击喇叭提醒前方驾驶者注意，以免不小心擦撞。如果不了解这种习惯，很容易将其解读成有恶意的行为，这就是“错误解读”的谬误。

有一天我正在开车，后面有一辆车一直冲我按喇叭，按了很多下，直到我让他先过后，他又按了一下才过去。当时我挺生气的，觉得这样真的很没礼貌。后来有一天一位朋友跟我说起这件事，我才发现自己完全误解了。原来当时按喇叭的是那位朋友，他看到前面的车是我的，所以用喇叭跟我打招呼。他以为我可以看见是他，所以没摇下窗户，但是我完全没有看到。

2. 听说那个市长被选上没多久，就有县城弄了一个关于他的文化村，简直是马屁拍到家了。

分析：这样的解读也可能是“错误解读”的谬误，因为做一个关于市长的文化村的用意可能有很多，比如认为有商机、可以开发观光旅游业等，未必就一定是拍马屁。这种错误解读也可以分析成“轻率联结因果”的谬误，即把“拍马屁”当作“建关于市长的文化村”的原因，轻率地将二者用因果关系联结起来。

3. 前面那条马路禁止右转的标志被树叶挡住了，警察用这种方法来增加罚单收入真是可恶。

分析：这种解读多半是一种误解，因为树叶很可能是在竖立标志之后越长越多才遮住它的，不太可能是故意找树叶多的地方去立交通标志。那么，这样的说法就犯了“错误解读”的谬误。

但也有一种可能，即警察发现问题后故意不去理会，将那个地方当作开罚单的好地方。听说警察开罚单的业绩压力还挺大的，这样看来，这种猜测的可能性就很大了。

4. 小花："去年阿呆跟我说他很喜欢我，要约我出去玩，但是我那天刚好有事，我就跟他说没办法去，结果他大概不高兴了，从此以后就不再约我了。"

分析：很多男人是很害羞的，鼓起勇气去约一个自己喜欢的女生会很害怕被拒绝。当小花说有事时，阿呆很可能理解成是一种婉拒，所以就不再约她了，不一定是因为生气。如果小花对阿呆有兴趣的话，她应该说"今天不行，我有事，改天吧"。这样的说法可能就不会被误解成婉拒。更好的说法是"今天不行，明天好吗？"

下面几题请自行练习。

5. 小花跟小玉说："我觉得小王人蛮不错的，很热心帮助别人。"之后，小玉去找小王理论："你为什么要去追小花？"

6. 小蓝跟小绿说："当班长好辛苦，我看你可以考虑别继续做了。”因此，小绿跟小王说：“我看小蓝真的很想当班长。”

十三、“混合型”谬误

当好几个不同的谬误同时出现在一个推理中时，我们可以称这样的谬误形态为“‘混合型’谬误”。由于谬误大多具有“似是”性质，很多时候，一个谬误会被我们认为是正确的。而当一个推理中有好几个谬误同时出现时，如果我们无力发现任何一个，这些“似是”性质便累积起来，我们更有可能会觉得这个推理有强大的说服力。但是当我们有检查谬误的能力之后，如果有好几个谬误同时出现，我们只要能够发现一个，就会觉得这个推理完全没有说服力。这大概是初学谬误知识时最快获益的地方。

举例来说，小王听人家说“A钢铁厂的工人都支持职工联合会”，而且他自己也推理出，“由于目前职工联合会由A钢铁厂的人主导，自家人当然支持自家人，所以A钢铁厂的工人会支持职工联合会是很正常的”。再者，小王认识了几个A钢铁厂的工人，他们的确都支持职工联合会，因此他相信“A钢铁厂的工人都会支持职工联合会”。当小王新认识一个朋友小翠，而且知道她是A钢铁厂的工人时，他就深信小翠是支持职工联合会的。

在小王的推理中，我们可以发现好几个谬误：第一，“因为自家人一定支持自家人，所以A钢铁厂的工人会支持职工联合会”，这个推理犯了“轻率联结因果”的谬误。因为A钢铁厂的工人支持职工联合会，未必是因为自家人支持自家人。第二，“自家人一定支持自家人”是很合理的想法，但不一定是正确的，这犯了“把合理当正确”的谬误。而小王听到人家说“A钢铁厂的工人都支持职工联合会”就相信了，这是把合理的传言当正确的，也犯了“把合理当正确”的谬误。第三，从“认识的A钢铁厂工人都支持职工联合会”推出“A钢铁厂工人都支持职工联合会”，则是犯了“以偏概全”的谬误。

由此可以看出，当好几个谬误的支持度加在一起时，如果检查谬误的神经不够敏感，就会觉得很有说服力。或者你虽然内心有怪怪的感觉，但难以分析出个所以然来。那么这种话可能会使你很生气而跟人吵架，但吵是没用的，你只要指出谬误自然就有很强的说服力。当一个推理中出现一个谬误时，就像一锅粥中搅进一粒老鼠屎，整个推理必须作废。然而一个推理中的谬误越多，并不见得它的可信度就越低。因为在某一结论的诸多支持理由与证据中，即使没有一个可以完全支持该结论，但理由与证据越多，这一结论的可信度也会随之增加。

我们再来看一个例子。A、B、C三人都是在美国读哲学的中国人，有一天A对B说："美国大学的哲学系不把哲学史当必修课。"而B也发现自己就读的学校的确没有把哲学史当必修课，因此就相信了这句话。但是有一天，B和C谈话时说出了这个想法，C却说："不会啊，我们学校是把哲学史当必修课的。"这时B才发现，原来自己的推理太轻率了。首先，B听A这么说就相信了，这是把合理传言当正确的谬误；其次，由于B的学校符合这个传言，他就从一所美国大学推出所有的美国大学都是如此，这是"以偏概全"的谬误。

可见，即使是学哲学的，还是可能不小心忽略这样的谬误，直到出现反例。在这个例子中，这些谬误虽然都不是正确的推理，但都可以算是某种程度上支持结论的前提。因此这种谬误越多，支持力度就越大，说服力也就越强。除非我们能够抽丝剥茧地将谬误一个个找出来，发现整个推理全部是由谬误累积起来的，才能明白这个推理实际上得不出一个确定的结论。当然，就这个例子而言，其结论确定与否其实无关紧要，即究竟是否所有美国大学的哲学系都不将哲学史作为必修课，其实并不那么重要，只要有几个实力很强的哲学系这么做了，就足以让我们反思中国的一些大学是否一定要将哲学史当作必修课了。因此对于一些无关紧要的结论，推理过程草率一点大致上没什么关系。

想要锻炼查错神经的敏感度，最关键的就是要回到日常生活中不断地寻找谬误。但是当自认为找到谬误却又没把握确认时，该怎么办呢？最好的方法就是找人讨论，最好找受过正式查错神经训练的人来帮你判断。如果你并不认识这样的人，也可以到网络上寻找类似的讨论区跟人讨论。另外，除了在日常生活中寻找谬误，我们也可以通过练习题来训练，这也会对增强查错神经的敏感度有很大的帮助。请好好思考下列练习题，尽量不要一口气读很多个。读完题目后先自己找谬误，尽量解释清楚为什么会出现这样的谬误。等自认为说明白后，再去看答案。每天练习几道题，将会很有益处。

综合练习：寻找各种谬误。

1. 小王："我在想，这些迎神庙会的工作人员长期暴露在嘈杂的工作场所，可能都有一些重听了，否则他们敲锣打鼓放音乐又何必这么大声呢？"

分析：小王轻率地以"人们重听"为原因来解释为什么"庙会敲锣打鼓的音量很大"，这是"轻率联结因果"的谬误。

2. 新厂长修改后的设计规范深受大多数工人的认可，之前设计研发部还反对这样修改，可见设计研发部是背离工人意愿的组织，所以其制定的准则也是不好的。

分析：从上面对设计规范的描述来看，设计研发部的确至少有一项主张是背离工人意愿的，但如果据此就推理出设计研发部是背离工人意愿的组织，就犯了“以偏概全”的谬误了。因为如果说设计研发部是背离工人意愿的组织，意思应该是说其大多数主张是背离工人意愿的，在这样的定义之下，上面的话就是以偏概全——以少数个例去指涉大多数。当然，如果我们定义“背离工人意愿的设计研发部”是指“至少有一个决定背离工人意愿”，在这样的定义下就没有犯“以偏概全”的谬误。另外，就算设计研发部制定的大多数准则是背离工人意愿的，也不能推出其制定的准则是不好的。因为就设计规范而言，设计研发部的工程师们或许比一般工人有更多的钻研、对比，能发现一般工人没有注意的地方。多数人认可的事情未必就是正确的。因此这样的“民意即正确”的推理可以解读成“诉诸群众”的谬误，这也是“不相干”的谬误中的一种。

3. 志愿者小花：“我们必须多照顾那些失去依靠的小朋友，明天和我去孤儿院帮忙好吗?”

小陈：“天下有多少这样的小朋友啊，你帮得了那么多吗?

我看你还是放弃吧。”

分析：这种谬误来自一个预设：“要帮就要帮全部才有意义”。这样的想法看上去很像“帮人不要只帮一半，帮一半是没意义的”。但是，这两者是不同的。这种谬误是把所有“失去依靠的小朋友”当作一个个体来思考，但事实上，这是一大堆个体的集合，只要帮了一个就完成了一次帮忙，不是一定要帮全部的人才是有意义的。因此，这可以归为“以偏概全”的谬误的一种变形——把个体的集合当作一个大的个体来思考。也可以将其当作一个“不当模拟”的谬误——把一个集合模拟成一个个体。

常见的类似想法如，老师上课时发现很多学生还没来，批评没到的学生时却对着在场的学生，还批评得很自然，心里想着这个班上的学生真是喜欢迟到和逃学。这时，老师把这群学生当作了一个全体，而这个全体像是个体一般具有“喜欢迟到和逃学”的属性，这样的思考很明显是错误的。

又如，“要做就做到最好，不然就别做了”，或者“拥有一个爱人就要得到他的全部，不然就什么都不要了”，等等，或许也可以称为“以全体作为个体”的谬误，或者“将可分割当作不可分割”的谬误。再强调一次，在查错神经的训练中，名称只是方便我们辨识谬误，每个人都可以用自己喜欢的名称来记忆与使用。重点不在于谬误是什么名称，而在于当你想告诉别人它是一个谬误时，要有能力说出为什么，而不只是说个名称就算了。当指出别人有谬误时，光说名称不仅没有说服力，还可能会让人觉得你这个人很讨厌。

4. 小王看到黄老师买了一瓶蔓越莓汁在喝，他说："昨天看到王老师也喝蔓越莓汁，王老师为了喝它还跑到另一栋大楼的楼顶去买，看来他真的很喜欢蔓越莓汁。你们学分析哲学的好像都很喜欢蔓越莓汁。"

分析：小王将"爱喝蔓越莓汁"当作"跑到另一栋大楼买蔓越莓汁"的原因，此处犯了"轻率联结因果"的谬误。因为王老师可能只知道那边有自动售货机，而且买了蔓越莓汁也不表示他喜欢喝蔓越莓汁，说不定王老师每次都随便买，正好昨天买到蔓越莓汁。另外，小王还犯了"以偏概全"的谬误，就算黄老师和王老师这两位分析哲学家真的喜欢蔓越莓汁，也不能以两个个例去论述所有的分析哲学家都喜欢蔓越莓汁。

5. 元旦前，小王要回南方，朋友小绿本来想搭小王的便车，后来因为工作太累不想回南方了而作罢。不久，小绿告诉小王一件很神奇的事情，有一天他半夜起床，时钟显示4点44

分，隔天半夜又醒，时钟竟然又显示4点44分。这样的巧合让他很不安宁，当天早上上班搭地铁的时候，一刷卡出现余额444元，他心想：这也太巧了吧，难道在暗示什么吗？又过了几天，小王一个人开车回到了南方，隔天接到小绿的电话，小绿说他也回来了。小王很惊讶地问为什么，小绿说因为他爸爸突然心肌梗塞入院动手术，医院发出病危通知，并后悔自己其实早已预先得到了暗示，要他赶紧回家，只是他不明白而已。由此可知，事情在冥冥之中早就已经都安排好了，日常生活中无须强求。

分析：类似这样的事件很多，有人觉得这纯粹是巧合所造成的迷信，有人觉得冥冥之中有些什么东西在起作用。但就后面的观点而言，存在的疑点是很多的，因此小绿的看法应当说是“轻率联结因果”的谬误。不过，如果直接否定小绿看法的可能性，则是犯了“妄下结论”的谬误，因为在没有证据的情况下，不能否定其可能性的存在。

另外，即使该事件真的是“冥冥之中自有安排”，也不能推出所有事情都是如此，因为说不定只有少数几件事是这样，所以这也犯了“以偏概全”的谬误。

除此之外，在谈到类似情形时，我们常常会在无意间出现互相矛盾的想法。例如，“一切早已注定”的想法否定人有改变未来的可能性，但是我们又常常认为有一些办法可以改变命运。上面所说的“无须强求”也暗示了“强求”的可能性是存在的。这样，矛盾就出现了。即使我们目前无法知道是否“冥冥之中自有安排”，但至少可以确定“一切早已注定”和“命运可以改变”是互相矛盾的。也就是说，二者不可能同时为真，至少有一个是错误的。那么，这属于哪种谬误类型呢？它其实是无法归类的谬误。前面已经说过，即使我们学会本书所列的所有谬误，仍旧无法解决所有的思考问题。许多问题必须等到我们的思考更深入、知识更丰富时才能够发现。但是如果在日常生活中能够避免本书所述的大多数谬误的话，你的查错神经敏锐度就已经到了相当高的水平了，足以大幅降低做出重大错误抉择的可能性。

6. 小王：“男人比女人还要聪明。”

小玉：“你嫌我笨就不要理我啊。”

分析：小玉的推理中有个中间阶段，她首先从“男人比女人还要聪明”推出“男人都比女人聪明”。这算是一个变种的“以偏概全”，我们可以称其为“比较型变种的以偏概全”，这种谬误是从“比较”变成“全部”。然后，小玉再从这里推出“跟男人比起来女人都很笨”，再通过“我是女人”推出“小王认为我很笨”，于是说出上面的话。所以虽然小玉没有明确讲出自己的推理，我们也可以猜测其省略没说的自然而然的推理，然后发现其犯了“以偏概全”的谬误。另外，小玉还可能犯了“批评稻草人”的谬误，或是“错误解读”的谬误。因为她很可能误解了小王的话而批评他，小王的那句话可能并不是说小玉很笨。

7. 小王：“东方国家的父母比西方国家的父母更愿意为孩子牺牲。最好的证据是西方的父母不大会为孩子牺牲自己的享受，他们有时还不帮孩子交学费，要孩子去打工赚学费，而他们的钱却花在自己的旅游上。”

小玉：“才怪呢，西方父母也是很爱他们的孩子的。”

分析：小王从“东方父母在某一方面更愿意为孩子牺牲”推理出“东方父母比西方父母更愿意为孩子牺牲”。这是“以偏概全”的谬误。因为愿意为孩子牺牲涉及很多方面，只观察到一面就认为全部都是则是错误的。

这个推理的另一个问题是，在要求孩子自己赚学费的问题上，或许存在着文化差异。东方父母可能比较希望孩子能安心念书，不要有经济压力，而西方父母或许希望孩子从小接受工作的历练以尽快成长。如果是这样的话，这就不是牺牲不牺牲的问题了。因此这个推理也有可能是“轻率联结因果”的谬误，把“不太愿意为孩子牺牲”当作因，而把“不大会牺牲个人享受”当作果，这样的因果联结是有些轻率的。

8. 不久前有一则新闻，一个抢匪为了抢一个女子的皮包，竟然骑着摩托车追了对方的摩托车一公里路，直到该女子进了一个加油站跌倒了，抢匪便追过去抢了皮包走人，女子想抢回皮包时还被撞伤。记者针对此事访问旁边的路人时，路人说：“现在的抢匪真是太没良心了，抢到这种程度，只为了抢一个皮包不惜把人撞伤。”

分析：用一个抢匪的个例去谈“现在的抢匪”，这是犯了“以偏概全”的谬误。另外，路人说“只为了抢一个皮包不惜把人撞伤”，这个因果联结有问题，抢匪真的是为了抢皮包把人撞伤吗？还是抢了皮包后为了逃跑把人撞伤？从电视新闻的现场录像带来看，几个加油站员工冲出来想拦住抢匪时，抢匪撞伤女子逃跑，其因果关联应该是抢匪为了逃跑而撞伤女子。因此，这里犯了“轻率联结因果”的谬误。另外，路人的说法也暗指“抢匪因为太没良心所以做出这样的事情”，这也是“轻率联结因果”的谬误。因为说不定抢匪是因为缺钱，或者皮包里面装的是机密文件，抢匪实际上是情报人员，等等，有很多可能的其他动机。

9. 黄老师："近年来学生常常迟到或是旷课，对于这些学习积极性很低的学生，我真的很没办法。"

分析：迟到或是旷课的原因未必是学习积极性低，有可能很想学但是晚上要打工所以早上起不来，玩游戏到太晚所以起不来，等等。所以黄老师所做的推论犯了"轻率联结因果"的谬误。

10. 小王跟小玉说："黄老师说，当我们说'不要太……'时，无论代入什么，句子都一定是对的，因此这是'废话'谬误。所以说，'不要太……'一定是正确的。"

分析：小王的推论里有很明显的"歧义"的谬误，"不要太"这三个字前后的意义不一样，因此这样的推论是错误的。这里有一个比较有争议的问题，即小王算不算犯了"批评稻草人"的谬误。小王或许误解了黄老师的说法，但因其完全没有批评黄老师，所以或许不算犯了这个谬误，但却可以算是"错误解读"的谬误。

11. 有许多中国人在美国生活了几十年，但一直都在中国人的圈子里活动，所以英文根本就没学好。相反，有人根本没出过国却讲了一口好英文。所以说，想学好英文不见得一定要出国，在国内学也一样，只要好好学习就没问题了。

分析：这里从“有人出国也学不好英文，有人没出国也学得好英文”推出“出国和不出国学英文是一样的”。这里有一个不明显的“非黑即白”的谬误。因为这个推理隐含了一个想法：“对于学英文而言，如果出国不一定都学得好，出国就是没用的”。但是这中间还有一些可能的选项，例如，相比在国内学英文，如果出国学英文学得好的比例较高，出国就还是有用的。另外，最后一句“只要好好……就没问题了”有“废话”谬误之嫌，因为几乎代入任何东西都是对的。

12. 小王在清明节到陵园祭奠，一位工作人员与小王闲谈。小王说：“我来这里祭拜双亲，父亲与母亲两位都在这里。”工作人员说：“那真是太棒了。”小王不太高兴地说：“父母都过世有这么好吗?”工作人员听了一时语塞。

分析：小王说“父母都在这里”包含着两层意思：“父母都过世了”，“父母过世后埋葬在同一个地方”。工作人员说的话应该是针对第二层意思，而小王的回应是把他的话当成针对第一层意思，这么一来就可能产生误解。而小王的回应就犯了

“批评稻草人”的谬误，因为小王的回应并不是针对任何一个真实的人的意见。

13. 小王在修一门文化导论课程。有一天，小王去找黄老师说：“我想读一本叫作《文化哲学》的书，可以跟老师借吗？”黄老师在书架上找了一下没发现，就说：“我没找到，不过我也不打算再借书给学生了，因为我的很多书借给学生都有去无回，而且我也忘了借给谁了。”过了几天，黄老师跟小王说，那本《文化哲学》找到了，但只能借一两天。于是小王借了那本书，然后跟小玉说：“黄老师自己把书弄丢，然后都怪学生借书不还。”

分析：在小王的思考中，依据“黄老师自己把这本书弄丢还以为借了学生没还”推论出“黄老师自己把书弄丢，然后都怪学生借书不还”，这是“以偏概全”的谬误——从单一个例推广到全部。另外，黄老师说他找到了那本《文化哲学》，是怎么找到的呢？之前为何找不到？小王将之解读成是因为“黄老师自己弄丢了”，但真正的原因究竟是什么呢？小王这样的“因果联结”是有些轻率的，因为原因说不定是“黄老师记起被某个学生借去而要回来了”，或是“某个学生拿走后偷偷放回黄老师的办公室”，等等。小王只是找到了一个合理解读，就自然而然地认为就是如此，这也犯了“把合理当正确”的谬误。

14. 小王开车发生车祸，警察来的时候，小王说：“都是后面那辆车害的，他那时跟车跟得很近，逼我开快点，我才会开得太快躲闪不及而撞到前面的车。”

分析：小王很轻率地把“逼我开快点”当作“跟车跟得很近”的原因。而事实上，如果是在狭窄的山路上，跟车跟得很近可能只是为了找个好时机超车，或者可能只是不懂得保持车距而已，因此小王犯了“轻率联结因果”的谬误。至于他把撞车归咎于“开得太快”，应该不能算是轻率联结因果。虽然撞车不一定是开得太快造成的，还有其他可能性，但开得太快是个非常可能导致撞车的原因，至少是主因。这种情况下，我们不应太苛求地将之当作“轻率联结因果”的谬误，否则我们日常生活中的因果说明可能全部是“轻率联结因果”了，这不是我们锻炼查错神经希望达成的目的。

15. 阿发跟小王说：“发型真的很重要，我之前要约一个女生出来晚餐，约了好几次都没成功，但昨天换了发型之后再约就成功了。所以无论是谁，要追女生之前必须要换一个最适合自己的发型。”

分析：阿发轻率地将“发型的改变”当作“约到女生”的原因，但很可能一点关系都没有，此处犯了“轻率联结因果”的谬误。另外，就算发型的改变真的是主要原因，也不能将一个案例套用在所有人身上，因此这里也犯了“以偏概全”的谬误。而且不一定要“最适合自己的发型”，说不定阿发之前的发型刚好是约会杀手，所以才没有成功，因此他也犯了“妄下结论”的谬误，或者是“把合理当正确”的谬误。因为“最适合自己的发型有助于约女生”是个合理的推测，但不一定是正确的解释。

16. 黄老师说：“我去A校演讲的时候，校门口的警卫非常客气地问我的来意，然后以很欢迎的态度让我把车开进去。但是我这星期到B校去教课的时候，门口警卫就像审问犯人一样问我的来意。我说是来教课的，他才以准许进入的态度让我进去。显然，A校的警卫受过良好的培训，而B校在这方面则很差，会让来客感觉不舒服。其实这不难理解，A校是私立学校，B校是公立学校，凡是公家单位似乎都有这种培训不善的问题。”

分析：首先，这里有“轻率联结因果”的谬误，即把警卫态度差归因于培训不善。而事实上，说不定跟穿着有关，黄老师去演讲时会穿西装，去上课时会穿得比较随便。其次，这也犯了“以偏概全”的谬误——如果因果关联成立，而且所有大门警卫都如此的话，那么或许真的是培训的问题，但是黄老师只是看到一个警卫而已，说不定他是个特例。再次，还有另一个“以偏概全”的谬误——从一个私立学校和一个公立学校推出全部都如此。但这点也可以有不同的解读，所以不一定是个谬误，因为黄老师的推理过程可能是相反的，即先认为“公家机构都如此”，再推出这个公立大学也如此。“公家机构都不重视接待和服务”是他心中早已存在的想法，只是没说出来。如果是这样的话，这个推理就不是谬误了。

类似的情况还有我们对别人家大楼保安的看法、在陌生城市旅游问路时依据少数路人的反应来论断这个城市是否友善、通过少数外国人形成对该国人民的观感，以及和某公司客服或总机交谈后对该公司的印象等。

17. 小王和小玉的朋友小黑说了十分钟话后，小王对小玉说：“小黑是个很无趣的人。”

分析：不会有一个很有趣的人在任何时候都保持有趣的样子。如果只从十分钟就判定一个人无趣，这就犯了“以偏概全”的谬误，即以十分钟推论全部或大多数时间。

18. 最近都不下雨，水库快没水了。昨天县长去庙里祈雨，结果今天就下起雨来，可见县长真的诚意十足。

分析：这是常见的“轻率联结因果”的谬误，这段话里就有两个。第一，把“县长祈雨”当作“下雨”的原因而用因果关系连起来，这是“轻率联结因果”的谬误。因为说不定当天很多人都在祈雨，为什么是县长的功劳呢？另外，祈雨真的有用吗？为什么过去很多次祈雨都没有发挥效用呢？会不会只是巧合呢？我们需要很谨慎地看待这类因果联结。第二，如果真的是县长祈雨成功，那么成功的关键何在？真的是因为诚意吗？还是因为他的地位，或者其他因素呢？这样的因果联结也很轻率。另外，认为祈雨成功的原因是诚意，这也可以解读成“把合理当正确”的谬误。因为尽管感觉上“心诚则灵”是很合理的说法，但实际上并没有可靠的证据可以支持这个说法。

19. 前面那辆车要走不走的，还忽左忽右，到底在乱开什么啊？

分析：当遇到车辆出现类似情况时，很可能驾驶者是在找路而不是乱开，因此这样的想法有“轻率联结因果”的谬误。

我们之所以会觉得驾驶者在乱开，是因为我们会习惯性地预测车子的行进路线。当某辆车的行进路线违反这一预测时，我们就会产生一种很自然的想法："乱开"。而且由于类似的情况通常会让我们感到不愉快，当我们认为别人乱开时心里反而会舒服一点。不过，如果因为这么想而生气就不好了，尤其因为生气乱按喇叭而起冲突就更不好了。如果我们直接猜测对方在找路，然后体谅一下对方，这对双方或许会更好。当然，我们也可以用"批评稻草人"的谬误和"错误解读"的谬误来看这个说法。

20. 黄老师想出一个特别的教学方法，在实施之后，许多老师都感到好奇，纷纷询问。黄老师说："就以小王这个学生来说，刚开始的时候，他非常排斥，但是等到他被逼得不得不接受之后，他努力达成目标，结果收获很大，还特别跑来跟我感谢这样的教学法，因此这样的教法的确是好的。"众位老师听了都说："对对对，这真是个好方法。"

分析：对一个学生有帮助的方法绝对称不上是一个好的方法，我们还必须参考其他同学的反应如何。黄老师很可能犯了"以偏概全"的谬误。因为通常一个好的教学方法意味着对大多数学生都有帮助，而把对一个学生有帮助推广到对大多数学生都有帮助，这是犯了“以偏概全”的谬误。但是如果黄老师的教法真的对大多数学生都有帮助，只不过拿小王当例子说明而已，那么他就没有犯此谬误。然而由于众位老师不知道其他同学反应如何，因此这些赞同这一方法的老师几乎都犯了“以偏概全”的谬误，或是被“以偏概全”的谬误所误导。

21. 小王：“黄老师说这学期的逻辑课会有一半的人不及格，想不到他这么喜欢判学生不及格。”

分析：黄老师的说法应该理解为一种预测或是警示（警示学生要用功一点），但如果是在学期末说的，那应该就是一种预测了。然而，黄老师预测很多人会不及格是因为他“喜欢判学生不及格”吗？小王的说法应该是一个“轻率联结因果”的谬误，因为很难想象真的有老师是喜欢判学生不及格的。通常来说，判很多学生不及格的老师都是逼不得已的，是出于对教学质量的考虑。

22. 小王：“总经理居然说要提拔小强做项目经理，不知他收了小强多少好处。”

分析：这个说法很轻率地把“收了好处”当作总经理说那句话的原因，这是犯了“轻率联结因果”的谬误。因为其他可能的解释实在太多了。这也可以解读成“把合理当正确”的谬误，因为“收了别人的好处而讲对别人有利的话”是对人性的合理解释，但这种合理的解释未必就是正确的解释。

23. 小王：“好担心批判性思考课会被判不及格啊。”

小绿：“不用担心，我想那个老师是不会判学生不及格的，因为我去年修课的时候非常不用功，结果还是通过了。”

分析：小绿将“自己很不用功但及格了”归因于“老师不会判学生不及格”，这犯了“轻率联结因果”的谬误。因为老师很可能出于其他原因而没有判他不及格，或者小绿实在很聪明，在很不用功的情况下还是考得不错。另外，小绿依据“自己没被判不及格”先推理出“没有人被判不及格”，继而推出“老师不会判学生不及格”，这犯了“以偏概全”的谬误。

如果小王听到这样的说法就放心地开始不用功学习，那么他可能犯了“把合理当正确”的谬误。因为小绿的推测是合理的，但距离得出正确的结论还有一段路要走。另外，小王也可能会犯“错误解读”的谬误或是“歧义”的谬误，因为小绿所说的“非常不用功”跟小王打算开始的“非常不用功”可能有很大的差距，小王说不定会因为这些谬误导致别的课也不及格。

24. 小花："昨天报道偷东西的那个阿呆，他爸爸原来是一个有名的持枪抢劫犯。"

小王："原来偷东西是会遗传的。"

分析：小王的说法存在好几个不同的谬误。第一，小王的猜测或许是合理的，但显然应该不是正确的，这里有"把合理当正确"的谬误。第二，小王把阿呆偷东西的原因归咎于偷东西的基因，但是真有这样的基因吗？这里有"轻率联结因果"的谬误和"妄下结论"的谬误。就算真有这样的基因，阿呆的爸爸是持枪抢劫犯又不是小偷，怎么还会遗传偷东西的基因呢？小王这样莫名其妙地推论，可以说是犯了"不相干"的谬误。就算我们把偷东西与持枪抢劫的行为统合成犯罪基因，如果从一对父子都有犯罪行为就推测所有犯过罪的父亲都会生出会犯罪的小孩，就犯了"以偏概全"的谬误。

下面几题请自行练习。

25. 黄老师："我上课点完名后就不补点了，所以我点名簿上只区分为准时和缺课两种。"

26. 小王："城郊别墅景区在假日实行交通管制，只有居住在那片别墅景区的人才可以自由开车进出。政府真会嘉惠有钱人。"

27. 小玉："我们去巷子里那家餐厅吃好不好？"

小花："那家餐厅真暗，连灯都舍不得开，食材一定也偷工减料，还是不要去了。"

28. 老万的小学老师说："古时候人们原本不懂得可以用火来烧烤肉类。有一天，闪电击中树木导致森林大火，许多动物被火烧死了。后来，人们发现这些动物被火烤熟后吃起来很香，因此就学会用火烤熟动物来吃。"

29. 小玉："看，地上有一只蝙蝠，奇怪，它死了吗？为什么眼睛闭上了？"

小王哈哈大笑说："蝙蝠是用声呐系统侦测物体的，根本不需要眼睛。如果有眼睛，它们就不用使用声呐系统了，所以蝙蝠是没有眼睛的。"

总结

前面已经提到过，所谓"谬误"一般指的是似是而非的推理或想法。那么在本章的最后，我们可以思考一个问题，既然一个推理是"非"，为什么还会"似是"呢？这意味着在我们自然而然的推理中，会把某些错误的思考当作正确的，而谬误的辨识训练也是为了让我们在谬误出现的时候能够尽量发现它们。

本章只列出在日常生活中较常发生的谬误。事实上，可以被归类的谬误还有很多，例如“乞求论点”、“循环支持”等。“乞求论点”的谬误最常见的是，问题中已经隐藏了想要获得的答案。例如，妈妈想知道小明去同学家有没有玩电子游戏，但担心直接问会让小明有防备而说谎，于是她问小明：“你们今天玩的是哪一个电子游戏啊?”这句问话里面已经隐藏了想要获得的答案。这样的问话方式可以说是一种谬误，但有时很有效，不过使用这种方式问问题也很容易得罪人。而“循环支持”的谬误可以通过下面这个对话来理解。小王：“死刑的存在违背了基本人权，为了尊重基本人权，我们应该废除死刑。”小明：“为什么生命是基本人权呢?”小王：“因为生命是不可被剥夺的东西。”小明：“问题是为什么生命是不可被剥夺的东西?”小王：“因为生命是基本人权，凡是基本人权都不可侵犯。”在小王的说法中，他的观点前后互相支持，看起来像是一个有道理的推理，其实只不过是在坚持一种看法而已。以生命是基本人权为由主张废除死刑，就必须找到别的理由来支持生命是基本人权的观点，否则很容易落入“循环支持”的谬误。这种谬误形态也常在传教的说辞中出现。

由于“乞求论点”、“循环支持”等类型的谬误相对而言不常发生，就算发生，问题通常也不大，而且即使在没学过谬误知识的情况下，也比较容易辨识出来，所以为了避免太过复杂就在本书中省略了，读者若感兴趣可以参考其他的相关书籍。

当然，即使我们列出所有已被归类的谬误，也无法涵盖一切类型的谬误，因为我们无法将所有形态的谬误归类。而且对某些很少见的谬误形态来说，我们也没必要非给它一个名称去记忆不可，因为谬误形态过多反而会让我们的思绪产生混乱。所以，本书的谬误训练是无法将一切谬误全部避免的。但是本书能够从整体上提高检查错误的神经的敏感度，而只要这种敏感度提升了，我们就能够自己去寻找新的谬误类型。到那个时候，我们的思想就会进入一个新的层次。

然而到目前为止，虽然我们只训练到初级查错神经的程度，但可能已经有人感到很不愉快，因为有人可能会觉得“为什么我的想法全是错的”。小心，别这么想，这是一个以偏概全的错误思考。实际上，你的想法大部分是正确的。本书只是让你发现在众多想法中有少部分的思考是错误的，你只不过在短时间内发现这么多错误会有难以适应的感觉。其实没什么关系，前面已经说过，大多数的谬误都是无关紧要的，甚至有些谬误是有益的。我们不需要试图避免所有谬误的发生，有些谬误即使继续存在也没关系，但是查错能力却一定要有。当我们面对一些重大问题时，这个查错神经会在关键时刻敲响警钟，让我们避开危险的抉择。

那么，请耐着性子，开始向难度升高的中级查错神经努力吧。

第3章　中级查错神经：形式谬误辨识与论证结构分析

当我们要去判断一个推理有没有问题的时候，我们必须先知道这个推理是从哪里开始，目的又在何处。推理的起点称为“前提”，推理的终点称为“结论”。结论通常只有一个，但前提可能有很多个。当前提通往结论的路上有问题时，我们就认为这个推理是错误的。用逻辑术语来说，我们称这样的推理是“无效的”。在这里必须澄清的是，当我们说一个推理是错误的或无效的时候，其意思只是说“即使前提全部都是正确的，也不能保证结论为真”。至于前提本身有没有问题，以及结论是不是碰巧为真，都与此无关。

举例来说，小佩说：“小王这个人很可恶，因为吃狗肉的人都很可恶，他竟然去吃狗肉。”在小佩的这个推理中有两个起点，也就是有两个前提：（1）吃狗肉的人都很可恶。（2）小王这个人吃狗肉。而此推论的终点也就是结论，即“小王很可恶”。从逻辑的角度来看，这个推理是有效的。这意思是说，“如果前提都是正确的，那么结论必然是正确的”。至于如何判断一个推理有效或是无效，在后面会谈到，此处暂且略过。

这里要注意的是，推理的有效与否只是针对前提与结论的关系，而不去管前提与结论的真假。也就是说，即使一个论证中的推理是有效的，其前提和结论也都可能是错的。这时，我们可能就要问，既然有效推理的结论有可能会错，那么有效推理的价值何在呢？有效推理虽然不保证结论一定是对的，但是当一个有效推理论证中的所有前提都为真时，结论必然为真。也就是说，正确的前提加上有效的论证之后，我们便可以保证结论必然是正确的。这是逻辑推论的价值所在。

如果读到这里你已经觉得有些头昏了，你可能只是被这些专有名词搞乱了。专有名词的使用需要一些时间慢慢去习惯。到目前为止，这里没有任何艰深的理论，只是针对逻辑学中的字词用法做了一些说明。在日常生活中，我们常常会认为有效的推理包含了正确的前提与结论，这只是字词用法上的不同引起的误解，所以在此特别强调，这并不是什么了不起的事情。

依据上述逻辑学知识，我们可以说，一个有效的推论并不保证结论是正确的，但是如果有效推论加上前提都为真，那么就可以保证结论必然为真。在日常生活的应用上，当跟你讨论的人同意你所有的前提，而你的推理又是有效论证时，那么跟你对话的人在理智上就被迫同意你的结论，这是逻辑有价值的地方。

如果你还是觉得很混乱，那么建议你暂时不要读下去，否则你会对逻辑产生排斥感，然后觉得逻辑不适合你，那么你就犯了一个“妄下结论”的谬误，这个谬误会夺去你进一步锻炼查错神经的机会。你可以放下这本书，过一阵子再重新看一遍，下一次你可能会觉得这没什么，那么你就可以安心地继续向前挑战了。

一、把推理转换成论证结构

一个完整的推理称为论证，一个论证由前提、推论过程与结论三个部分组成，而推论过程常常被省略不谈。当我们把日常生活中较为混乱的推理转换成较为清楚的论证之后，沟通会变得比较容易，误解的可能性也会减少，运用逻辑所产生的说服力也会加大，同时也更容易发现自己论证的问题所在。

例如，有一天，我在中午吃饭时遇到一个早上没来上课的女学生。我问她：“早上是不是起床太晚没赶上上课时间？”她回答："不是。"我又问她："那么为什么没来上课呢？"她说："因为今天忘了带化妆包。"我听了很惊讶，于是她说："这很奇怪吗？挺正常的啊！老师，你不懂女人，因为没带化妆包就不能化妆，不化妆就会看起来没精神也没自信，没精神就会不想去上课，没自信就会很自卑，很自卑也不想去上课，所以就没去上课。"

我们可以把这位女同学的推理用论证结构表达如下：

（1）我没带化妆包。

（2）没带化妆包就不能化妆。

（3）没化妆就会看起来没精神而且没自信。

（4）没精神就不想上课。

（5）没自信就会很自卑。

（6）很自卑也不想上课。

（7）所以，我没去上课。

在这个论证中，（1）～（6）是前提与推论过程，而（7）是结论。我们便可以依据这样的结构来判断或是计算这样的推理究竟是不是有效推理。在把推理转换成论证结构的过程中，有时会重新用不同的字词结构来表达，目的是使整个论证更清楚明确，但要注意的是绝不能改变原本的意义，不然就可能会发生误解。

在日常生活中很多推理看起来很有道理，但是一旦变成论证之后，我们就会比较容易地发现它们的问题。如果这样的计算与思考方式可以在多加练习之后形成一种直觉，那么我们对日常生活中的错误推理的敏感度就会提高。现在我们先来做一些练习，将日常生活中的一些推理的前提与结论找出来，并将这些推理转换成论证结构，然后想一想这些论证是“有效论证”还是“无效论证”。

练习题：寻找前提和结论。

1. 没有国就没有家，所以我们要好好爱护国家。

分析：

前提：没有国就没有家。

结论：我们要好好爱护国家。

2. 在公共场所吸烟是不对的，为了杜绝这种行为，我们应该多加检举。

分析：

前提：在公共场所吸烟是不对的。

结论：为了杜绝在公共场所吸烟的行为，我们应该多加检举。

3. 小绿："为了挽救经济，A市政府发放了一些票券来拉动消费。但事实上，大家用这些票券所买的都是日常必需品。所以根本就没有真的拉动消费，市政府白白花了这么多钱，只是让市民开心一下而已，根本就没能挽救经济，真是一个无能的市政府。"

分析：

前提与推论过程：

（1）市政府发放一些票券是为了拉动消费。

（2）市政府拉动消费的目的在于挽救经济。

（3）大家都拿这些票券买日常必需品，所以根本就没有真的拉动消费。

（4）市政府花了这么多钱，只是让市民开心一下而已，根本就没能挽救经济。

结论：这个市政府真是一个无能的政府。

4. 小蓝："A市政府发放这些票券真是一大德政。因为这些票券就好像是政府发的大红包，在经济不景气的形势下，好比雪中送炭，让市民感觉很好，对那些经济状况比较差的弱势群体来说尤为有用。而对于经济状况比较好的人来说，这些票券会让他们多买一些平时不太会买的东西，因此可以提振消费力，真是两全其美的办法。”

分析：

前提与推论过程：

(1) 这些票券对经济状况比较差的弱势群体来说，在经济不景气的形势下有雪中送炭的效果，让市民感觉很好。

(2) 这些票券对于经济状况比较好的人来说，会让他们多买一些平时不太会买的东西，因此可以提振消费力。

(3) 发放这些票券的政策是两全其美的办法。

结论：市政府发放这些票券是一大德政。

下面几题请自行练习。

5. 股市的变动有一定的法则，只要我们能够掌握这个法则就可以赚大钱了。

6. 我们不应该引入外来物种，像是福寿螺这种外来物种就对珠江三角洲的生态造成很大的危害。

7. 小王：“如果明天阿呆没来学校的话，他一定是起不来，因为他今天太累了，而且他很喜欢睡觉。”

8. 小玉："阿呆有时很早起床也不来学校，因为他有时要帮他叔叔卖早餐。"

9. 小花："如果明天下大雨就取消旅行，气象报告说明天很可能会下大雨，所以我觉得明天很可能会取消旅行。"

10. 小明："黄老师说，如果报告到了期限还交不出来，每过一天扣五分。小王说他至少要晚十天才交得出来。我看小王一定是不及格了。"

二、找出形式谬误

所谓"形式谬误"简单地说就是"能够用逻辑形式表达的谬误"。所谓的"逻辑形式"简单地说就是"可以用抽象的逻辑符号语言表达的东西"。当我们将一个日常生活的论证转换成抽象的逻辑符号之后，就可以像做数学题一般计算这个推理。计算结果可以让我们知道，这个推理究竟是符合逻辑的有效论证还是不合逻辑的无效论证。

在谬误的分类上，可以分成两大类：非形式谬误和形式谬误。大多数有特定名称的谬误都是非形式谬误。也就是说，上一章谈到的谬误都算是非形式谬误。这里将要介绍形式谬误，即能用逻辑形式表达的谬误。不过，如果一定要用逻辑形式来表达一个谬误，大概很少有真的无法表达的，所以我认为，区别形式谬误与非形式谬误的更好的说法是：“形式谬误”是“比较容易用逻辑形式表达的谬误”或者“用逻辑形式就可以清楚表达的谬误”。当然，这样的界定不是很明确，其中有很多模糊地带。不过这没关系，反正谬误的名称只是为了让我们更容易发现谬误以及更便于讨论而已，所以这种不明确并不是什么大不了的问题。

那么，什么是“逻辑形式”呢？上文提到，它可以描述为“可以用抽象的逻辑符号语言表达的东西”。例如，令 P 和 Q 是命题，“命题”这个专有名词的意思是指一个“完整句子”的意义，请注意，是“有主语、有谓语的完整句子”，而不能只是一个字词，也不能是那种跟真假无关的命令句；而“→”代表蕴含的关系，或用口语来说是“若……则……”的关系；“－”则代表“非”，例如，如果我们在一个命题 P 前面加上这个符号形成“－P”，其意义则是“非 P”，也就是“P 这个命题所表达的意思是错的”。那么，依据逻辑形式规则，当 P→Q 为真时，－Q→－P 也必然同时为真。也就是说，将任何命题代入 P 与 Q，如果 P→Q 作为前提而为真时，则可以有效导出－Q→－P也必然为真，不会有例外。例如，令P为“小王考上研究所”，Q为“小王去国外旅行”，在这样的假设下，“P→Q”意思就是“如果小王考上研究所，则小王会去国外旅行”。如果这句话为真的话，那么－Q→－P，即“如果小王没有去国外旅行，则小王没有考上研究所”也必然为真。只要符合这种结构的推理，都具有“当前提为真时结论必然为真”的现象。不信的话，可以用实际例子多试试看，这可以增加对这种逻辑形式的记忆。只要具有这种现象的论证结构都称为有效论证。而论证结构也就是我们所谓的“论证形式”，或称为“逻辑形式”。

但是，从P→Q推出Q→P就是一个无效推论。也就是说，即使P→Q为真，Q→P也未必为真。举例来说，我们把P代入“我的脚扭到了”，把Q代入“我会痛”，而前提P→Q则是“如果我的脚扭到了，则我会痛”。假设这个前提是真的，那么我们可以有效导出－Q→－P，即“如果我不会痛，则我的脚没扭到”，这没问题。但是Q→P的意思则是“如果我会痛，则我的脚扭到了”，这就不一定了，我也有可能是头痛。所以当P→Q为真时，虽然可以保证－Q→－P必然为真，但不能保证Q→P一定为真。所以从逻辑形式上来看（也就是从其论证结构来看），无论P与Q是什么命题，当我们发现一个推论是从

P→Q推出－Q→－P时，我们就可以说这是个“有效论证”的形式，而当我们从P→Q推出Q→P时，我们就可以说这是一个“无效论证”的形式，也可以说这个推论犯了一个形式谬误。最常发生的形式谬误大概有下面几种：

（一）从P→Q推出Q→P的形式谬误

对于从P→Q推出Q→P的形式结构，我们可以把推理的源头P→Q中的P当作“前件”，把Q当作“后件”，那么这个形式谬误可以称为“肯定后件而肯定前件的形式谬误”。举例来说，从“小明若不注意身体健康就会常常生病”和“小明常常生病”推论出“小明不注意身体健康”。从逻辑形式来看，令P＝“小明不注意身体健康”，而Q＝“小明常常生病”，前提为P→Q，即“小明若不注意身体健康就会常常生病”，而结论为Q→P，即“如果小明常常生病则小明不注意身体健康”。在这个推理中，即使前提为真也不能保证结论为真。

这种推理形态在日常生活中常常出现，而且有很多时候是对的，但是这样的推论形式是无效的。因为这样的推论无法保证从正确的前提推出正确的结论，也就是说，就算“小明若不注意身体健康就会常常生病”是对的，也不能保证“小明常常生病则小明不注意身体健康”是正确的结论。小明常常生病说不定是因为工作环境很糟或自身体质较差。但请注意，这种推论虽然有谬误，但不意味着结论一定是错的，结论也可能碰巧是正确的，我们强调的只是“推论无效”——即使前提为真也无法保证结论为真。

（二）从P→Q推出－P→－Q的形式谬误

另一个在日常生活中较常出现的形式谬误是“否定前件而否定后件的形式谬误”。例如，从“如果小明考上国立大学则小明很聪明”这个前提推出“如果小明没有考上国立大学，小明就不聪明”这个结论，这是一个无效的推论。因为就算前提为真也不能保证结论为真。小明没考上国立大学说不定是因为不用功，或者考试时正好生病了，等等。

以逻辑形式来表达则是，假设“小明考上国立大学”为P，而“小明很聪明”为Q，那么P→Q就是“如果小明考上国立大学则小明很聪明”，从这个前提推出－P→－Q，即“如果小明没有考上国立大学，小明就不聪明”。在这样的推论中，即使前提为真也不能保证结论为真。而且不仅这个例子如此，凡是能够被这样的逻辑形式表达的例子都是无效论证。这是逻辑有价值的地方之一，我们只要看它的形式，即使不知道其内容，也可以判断其是否为有效论证。

由于这类谬误都可以简单明确地用逻辑形式来说明，我们就称其为“形式谬误”。而论证形式的谬误或许也可以归为此类，例如，把结论为真反推成推论正确。举例来说，当一个人说了一堆理由预测今天股票会上涨，而最后股票真的上涨了，有人就会说“他说的没错”。如果这里所谓的“说的没错”指的是他的推论是正确的，那么这就犯了一个谬误，因为结论正确并不表示推论正确。另外，结论正确也不表示前提正确。现在，我们一个一个来练习辨识这几种谬误。

练习题一：肯定后件而肯定前件的形式谬误（从P→Q推出Q→P）。

1. 妈妈曾经跟小花说：“如果你吃糖就会有蛀牙。”有一天，小花看见小玉有蛀牙，就跟小玉说：“你一定吃糖了。”

在小花的这个推理中，我们可以将其前提与结论分析如下：

前提：小玉吃糖则小玉会有蛀牙。

结论：小玉有蛀牙所以小玉吃糖了。

在这个推理中，我们可以将符号P定义成“小玉吃糖”，将符号Q定义成“小玉有蛀牙”。那么，我们就可以把上面的前提与结论用符号表示如下：

前提：P→Q

结论：Q→P

由于我们知道这是一个错误的推理，因此我们可以说，小花犯了一个形式谬误。

2. 小王主张猫、狗也有情绪。他说："当人类有情绪时，大脑的边缘系统就会有活动，而由于猫、狗的大脑也存在边缘系统的活动，所以我们可以推知，猫、狗也有情绪。"

分析：在小王的这个推论中，前提是"当人类有情绪时，大脑的边缘系统就会有活动"，由此在他自然而然的思考中，他认为任何物种只要有情绪，大脑的边缘系统就会有活动。这里他可能犯了"以偏概全"的谬误，即从人类的情绪与大脑边缘系统的关联推广到所有物种都有这样的关联。而且小王还进一步地从"有情绪现象则大脑边缘系统有活动"推出"大脑边缘系统有活动则有情绪现象"，这就犯了一个形式谬误。有了这个推理后，小王才能推出猫、狗有情绪现象。

我们可以定义P＝"有情绪现象"，Q＝"大脑边缘系统有活动"，这样，可以把小王的前提与结论用符号表达如下：

前提：P→Q

结论：Q→P

由此，我们可以清楚地发现小王犯了一个肯定后件而肯定前件的形式谬误。

3. 根据古籍记载，在世界末日之前会有很多天灾人祸，而目前的确发生了很多天灾人祸，所以世界末日即将来临。

分析：这个推论出现在本书一开始的查错神经测验中，看起来蛮有道理的，不太容易发现错误。但如果我们分析其逻辑形式，就可以清楚地发现它犯了一个形式谬误。

假设P为“世界末日即将来临”，而Q为“有很多天灾人祸发生”，那么古籍的记载可以表示为P→Q，即“如果世界末日即将来临，则会发生很多天灾人祸”。就算这个古籍记载的是事实，也就是论证中的前提为真，也不能保证其结论Q→P为真，即不能保证“如果发生了很多天灾人祸，则世界末日即将来临”为真。从逻辑形式上来看，我们可以发现这是一个肯定后件而肯定前件的形式谬误。

下面几题请自行练习。

4. 小明的爸爸认为，不管感冒是否严重，只要感冒就不应该到学校去。这学期小明也有好几次因为感冒没去学校上课。

今天小明又没来，老师说：“小明又感冒了。”

5. 一般说来，如果恋爱中的一方不再爱另一方时，就会提出分手。昨天小王跟小玉提出分手，小玉就很难过地跟好朋友小花说：“小王不爱我了。”

6. 温度一定要够低才可能下雪，也就是说，下雪的时候一定是很冷的。昨天黄老师在课堂上跟同学们说：“美国纽约的水牛城在冬天时每天都非常冷。”小王听了马上就说：“那不就每天都下雪？”

练习题二：否定前件而否定后件的形式谬误（从 P→Q 推出－P→－Q)。

1. 妈妈曾经跟小花说：“如果你吃糖就会有蛀牙。”有一天，小花在吃冰淇淋，小玉看到后说：“小心会有蛀牙啊。”这时，小花说：“不会的，因为我没吃糖。”

在小花的这个推理中，我们可以将其前提与结论分析如下：

前提：小花吃糖则小花会有蛀牙。

结论：小花没吃糖则小花不会有蛀牙。

在这个推理中，我们可以将符号 P 定义成“小花吃糖”，—P 就是“小花没吃糖”，而将符号 Q 定义成“小花会有蛀牙”，—Q 就是“小花不会有蛀牙”。那么，我们就可以把上面的前提与结论用符号表示如下：

前提：P→Q

结论：—P→—Q

由于我们知道这是一个错误的推理，因此我们可以说，小花犯了一个形式谬误。

2. 小心投资才不会赔钱，所以要小心点，不然就会赔钱。

此说法的前提与结论可以表示如下：

前提：小心投资才不会赔钱。

结论：不小心投资就会赔钱。

在这个推论中，我们可以将“小心投资”当作 P，将“赔钱”当作 Q。严格来说，P 和 Q 必须是命题，也就是“完整句子的意义”，因此我们可以将其当成是含有主语的，即 P＝“某人小心投资”，—P 则是“某人小心投资是错的”，也就是“某人不小心投资”；Q＝“某人会赔钱”，—Q 则是“某人会赔钱是错的”，也就是“某人不会赔钱”。那么，我们就可以把前

提当作 $P\rightarrow -Q$，而结论就是 $-P\rightarrow Q$，从形式上来说，这也是否定前件而否定后件的形式谬误。

3. 小玉想要开店做生意，想了想，觉得开个精品店还不错，但小玉的朋友小花跟她说："听说最近精品店的生意很难做，大多都赔钱。"小玉毫不担心地说："那是因为他们卖的东西比较无趣，我会选择好玩的东西来卖，就不会有问题了。"

分析：首先，小玉犯了"轻率联结因果"的谬误，因为小玉轻率地认为那些赔钱的精品店之所以赔钱，是因为卖了很无趣的东西。另外，小玉也犯了形式谬误，从"如果卖无趣的东西则会赔钱"推出"如果不卖无趣的东西就不会赔钱"，也就是从 $P\rightarrow Q$ 推出 $-P\rightarrow -Q$。

下面几题请自行练习。

4. 制造毒品的老板说："上次因为有人告密所以才被抓。这次只有我和儿子两个人，没人告密就不会被抓了。"

5. 下雨天街道会变湿，街道变湿就没办法玩直排轮滑。但由于昨天一整天都没下雨，所以小王就跟小玉说："没下雨地面就不会湿，就可以玩直排轮滑了，我们出门吧。"

6. 小玉常常觉得钱不够用。小王说："由于想买的东西多的时候，钱就会不够，所以想买的东西不多时，钱就不会不够了。"

练习题三：由结论正确而肯定前提正确或推论正确的谬误。

1. 小王："我昨天说今天股票会大涨，果然如我所说，可见我的推理是完全正确的。"

分析：依论证来分析，当前提全部为真而且论证为有效论证时，我们可以保证结论必然为真。但是反过来，当结论为真时却不能保证前提为真，也不能保证推理是有效的。因为有可能前提全错而且乱推一通，但却"瞎猫碰上死耗子"而得到正确的结论。所以即使小王说中股票大涨，其所依据的理由与推理也未必是正确的。有可能只是运气好而被他猜中而已。如果因为碰巧猜中让他对自己的推理更有信心而大胆下注，说不定会因错误推理而导致惨赔的后果。这是由结论正确而肯定推论正确的谬误，我们也可以将这样的谬误简称为"形式谬误"。这个形式谬误类似于从 P→Q 推出 Q→P 的谬误，因为如果把 P 当前提而 Q 当结论，我们可以说，当"前提为真而结论必然为真”时，反过来的“当结论为真而主张前提为真”是错误的推理。

2. 我昨天就说出一个股市定律：“美国几个大银行出现问题时一定会影响到A国股票。根据报道，几个大银行真的出现了财务问题，而且今天A国股票果然下跌，这证明我所说的定律是正确的。”

分析：如同上一个例子，我们不能借由结论正确就断定我们所依据的理由是正确的。因此这是一个错误推理，可以称之为“由结论正确而肯定前提正确的形式谬误”。当然，一般说来，如果结论为真，则前提与推论正确的可能性会增大。但是其中没有必然的关系，我们还是需要更多的证据，再谨慎地判断其前提是否值得信赖。

下面几题请自行练习。

3. 老万的爸爸小王说：“外面冷起来了，赶快进来别在外面玩，不然会感冒。”老万没有马上进来，又逗留了一会儿，被小王骂了之后才进来。到了晚上，老万开始打喷嚏，于是小王很生气地说：“看吧，跟你说了你不听。”

4. 小王买股票赔钱了。小玉说："跟你说不要玩股票你偏不听，现在知道我说的是正确的了吧。"

5. 老万考试前一天没有好好念书。小王说："考前一天用功点最重要，不然一定考不好。"发榜后老万没有考好，于是小王说："我没说错吧！以后看你还敢不敢不听我的话。"

6. 小王要办一个户外垒球大赛。小花说："可是最近都在下雨，万一下雨就很麻烦了。"小王说："别担心，只要是我办活动，就一定不会下雨。"活动当天真的没有下雨，于是小王跟小花说："这证明我这个人真的很特别，只要我办活动就不会下雨。"

三、一个简化的逻辑训练

在日常生活自然而然的推理中，有些经常被人们使用的推理法则是错误的，而有些则是正确的。我们把正确的推理法则排列出来，并且将之系统化，这就形成了一个逻辑系统。只要遵循着符合逻辑的思考法则推理，我们在思考过程中就不容易产生错误。一个简化的逻辑训练可以帮助我们避开许多错误的推理，并强化自己推理的信心。

本章前几节谈的是逻辑形式的谬误，而本节主要谈的是在日常生活中较常出现的正确的逻辑形式推理。尤其是跟前面讨论的形式谬误容易搞混的正确推理 MP（从 P→Q 与 P 两前提导出 Q 的结论）与 MT（从 P→Q 与－Q 两前提导出－P 的结论）这两个逻辑规则。

前面已经说过，这里的逻辑形式指的是命题之间的关系所形成的一种结构，而命题是完整句子的意义（请特别注意命题不是单一词汇，不能用单一词汇代入）。我们通常用大写英文字母 P、Q、R 等表示一个命题。无论是怎样的命题内容，只要符合正确的逻辑形式就是有效推理，而符合错误的逻辑形式则是形式谬误。

我们使用几个符号代表命题之间的关系："→"代表"若……则……"的关系，"P→Q"就是"若P则Q"；"∧"代表"且"的关系，"P∧Q"则是"P且Q"；而"∨"代表"或"的关系，"P∨Q"则是"P或Q"。最后，符号"－"代表"非"，如果是"－P"则代表"P是错的"。

这里需要注意的是，所谓的形式不管内容只管结构，所以我们无论用什么符号代表一个命题，只要其结构是相同的，则其形式也是相同的。也就是说，如果我们说从 P→Q 推出 Q→

P是一种形式谬误，那么从R→K推出K→R也是形式谬误，从－T→S推出S→－T也一样是形式谬误。在判断一个推论有效还是无效时，论证里面究竟使用什么符号并不重要，符号究竟代表什么意义也不重要，重要的是其形式结构。

上面我们列出了几个在日常生活中常见的形式谬误，而这里我们要列出在日常生活中常用的正确的逻辑推理规则。凡是符合这几个规则的逻辑推理就是有效推理，再强调一次，“有效推理”的意思是说“如果前提全部为真，则结论必然为真”。

而“简化逻辑”指的是将一般的逻辑简化之后的逻辑规则。在哲学系大一所学的基本逻辑中，大概会用到二十多条逻辑规则，有些很复杂，但大多数在日常生活中不会用到。不过那样的逻辑训练有助于增进抽象式思考的能力，读者若有兴趣还是可以买本正规的逻辑书去进修。本书以实用为主，以快速锻炼查错神经为目的，因此不打算详细介绍那样的逻辑系统，但下面要讲的简化逻辑也足以展现出逻辑在日常生活中的应用了。

（一）MP规则

MP规则指的是：肯定前件则肯定后件（从P→Q与P两前提可推出结论Q）。

这个规则实际上是经由两个前提推出一个结论，符号表达如下：

（1）P→Q

（2）P

（3）所以，Q

在这个论证中，（1）、（2）是前提而（3）是结论。此逻辑规则是一个有效论证，意思是说，如果两个前提全部为真，则结论必然为真。以实例来看，令 P 为“小王感冒”，而 Q 为“小王感到不舒服”，则论证为：

（1）如果小王感冒则小王感到不舒服。

（2）小王感冒了。

（3）所以，小王感到不舒服。

在一个有效论证中，无论 P 或 Q 代入什么命题，只要前提全部为真，就可以保证结论为真。然而，之前提到的两个谬误按照这样的论证方式也可以表达如下：

（1）P→Q

（2）Q

（3）所以，P

这是肯定后件而肯定前件的谬误（即从 P→Q 推出 Q→P）的另一种表现方式，这样的推理不能保证在前提全部为真的情况下结论必然为真。例如，只要把P代入“今年A国的经济增长了50%”，而把Q代入“A国的经济状况不是世界最后一名”，那么前提（1）P→Q是“如果今年A国的经济增长了50%，则A国的经济状况不是世界最后一名”，前提（2）Q是“A国的经济状况不是世界最后一名”。即使前提（1）、（2）都为真，结论P“今年A国的经济增长了50%”却明显为假。因此我们就可以说这是无效论证。因为我们一再强调有效论证不容许有前提全部为真而结论为假的可能性出现。只要有这样的可能性就是无效论证，而指出这种可能性的例子则称为“反例”。关于反例的更多说明与练习将在下一章详谈。

另外，我们需要学习一下逻辑推理方法。在一个逻辑推理中，我们可能会用到很多规则，或是将一个逻辑规则使用很多次。我们必须指出在推理时所使用的规则名称，以使整个逻辑推理一目了然。举例来说，小王跟小玉说：“如果我们今天一起吃饭我就会很高兴，我一旦高兴了就会买礼物送你，你收到我的礼物后就会很高兴，而我们已经出来吃饭了，所以，可以预期你一定会很高兴。”这个推理正确吗？我们可以用逻辑规则来判断：

首先令：

P：小王和小玉一起吃饭。

Q：小王很高兴。

R：小王送礼物给小玉（或是小玉收到小王的礼物）。

S：小玉很高兴。

P→Q：如果小王和小玉一起吃饭，则小王很高兴。

Q→R：如果小王很高兴，则小王会送礼物给小玉。

R→S：如果小玉收到小王的礼物，则小玉很高兴。

那么，整个推论过程如下：

（1）P→Q（前提）

（2）Q→R（前提）

（3）R→S（前提）

（4）P（前提）

（5）Q（1），（4）MP

（6）R（2），（5）MP

（7）所以，S（3），（6）MP（结论）

在这个范例中，（1）～（4）是前提，（5）～（7）是推理过程，而（7）本身是结论。我们在前提的后方标示“前提”，也在结论的后方标示“结论”，在推论过程中标示使用的前提以及规则。以推论（5）来说，后面标示“（1），（4）MP”，意思是说推论（5）是依据（1）和（4），使用 MP 规则而获得的。因为这个推论只使用到 MP 规则，而我们已经说过，MP

规则是有效推论规则，因此只要推论过程没有出错，我们就可以宣称这是有效论证。也就是说，只要前提全部为真，则结论必然为真。

请依据上面的范例，自行练习下面两个逻辑推理过程：

练习一

（1）Q→P（前提）

（2）P→T（前提）

（3）Q（前提）

（4）________（1），（3）MP

（5）所以，T________（结论）

练习二

已婚的小王跟异性朋友小花说："如果你说你喜欢我则我就会喜欢你，如果我喜欢你则我就会有外遇，我有外遇后我就会离婚，我离婚了就会娶你，而你刚刚说你喜欢我，所以，我会娶你。"

分析：首先，指定P、Q、R、S、T这些符号给上述的句子。由于这些符号代表的是命题，而命题是句子的意义，所以我们的重点在于意义而不是句子本身。也就是说，只要表达的意义相同，句子的写法不同是无关紧要的。就像在上一个例子中，R可以代表“小王送礼物给小玉”或是“小玉收到小王的礼物”，在意义上，两者没有什么差别，至少在我们的推论中没有实质差异，那么我们可以将之当作相同的命题来表示。

第二个步骤是将所有前提列出来，然后参考前面例子的写法依据逻辑规则来推理，直到推出结论为止。

（二）MT规则

MT规则指的是：否定后件则否定前件（由P→Q与－Q两前提可推出结论－P，或是由P→Q这一前提推出结论－Q→－P）。

前面提到的两个形式谬误是“从P→Q推出Q→P”以及“从P→Q推出－P→－Q”，然而如果是“从P→Q推出－Q→－P”则是正确的推理。这是很容易混淆的。从另一个角度来说，我们将两个前提P→Q与－Q联合起来推出结论－P也是正确的推理。这二者在一般的逻辑书中被视为两个不同的推论规则，在逻辑推理上有不同的应用，但其推论精神是相同的。因此为了简化起见，减少记忆更多逻辑规则的困扰，我们一律称之为“MT规则”。

MT规则用日常语言来说就是“否定后件则否定前件”。

举例来说，假设P为“小王很爱赌博”，Q为“小王有不良嗜好”，那么我们就可以说“如果小王很爱赌博，则小王有不良嗜好”，用符号表达就是P→Q。从这里我们不能有效推出－P→－Q，即“如果小王不爱赌博，则小王没有不良嗜好”，也不能有效推出Q→P，即“如果小王有不良嗜好，则小王很爱赌博”。之所以不能有效推出，是因为它们都有可能是错的（当然也有可能是对的，只是不能保证必然是对的）。但是我们却可以有效推出－Q→－P，也就是“如果小王没有不良嗜好，则小王不爱赌博”。当P→Q为真时，我们可以说，－Q→－P必然为真。现在，我们依据MT规则来练习几个推论。

例如，小王跟怀疑自己偷东西的店员说：“如果我偷了东西我就会被雷劈，如果我被雷劈我就命不好，但是我的命很好，并非不好，所以，我没有偷东西。”在这个论证中，我们假定：

P：小王偷了东西。

Q：小王被雷劈。

R：小王命不好。

依据这些假定，我们可以得到：

P→Q：如果小王偷了东西，则小王会被雷劈。

Q→R：如果小王被雷劈，则小王命不好。

－R：小王并非命不好。

—Q：小王没有被雷劈。

—P：小王没偷东西。

符号化的论证与推理如下：

（1）P→Q（前提）

（2）Q→R（前提）

（3）—R（前提）

（4）—Q（2），（3）MT

（5）所以，—P（1），（4）MT（结论）

当有好几个不同的逻辑规则可以使用时，我们就可能有好几种不同的推理方法可以从前提有效地推出结论。在上面的例子中，另一种推理方法如下：

（1）P→Q（前提）

（2）Q→R（前提）

（3）—R（前提）

（4）—R→—Q（2）MT

（5）—Q（3），（4）MP（只要前项相同就可推出后项，无论符号前方是否有"—"）

（6）—Q→—P（1）MT

（7）所以，—P（5），（6）MP（结论）

这个推论方式用到了MT规则与前面提到的MP规则，这显然较为麻烦，不是一个好的推论方式，但是只要符合正确的逻辑规则，它仍旧是一个有效的推论。

请依据上面的范例自行练习下面两个逻辑推理过程：

练习一

（1）Q→P（前提）

（2）P→－T（前提）

（3）T（前提）

（4）________（2），（3）MT

（5）所以，－Q________（结论）

练习二

小王跟小花说：“如果去年我生日那一天我说我喜欢你则你就会爱上我，如果你爱上我则你就会有外遇，你有外遇后你就会离婚，你离婚了就会嫁给我，而事实上，你没有嫁给我，所以，我可以很确定那一天我没有说我喜欢你。”

（三）HS规则

HS规则又称为“假言三段论”（由P→Q与Q→R两个前提可推出结论P→R）。

“假言三段论”是两千多年前第一个提出逻辑理论的希腊哲学家亚里士多德的诸多三段论法之一。虽然它大有来头，但其逻辑规则却是非常符合日常直觉的。以一个简单的例子来说，第一个前提是“如果一个星球没有氧气，则此星球没有生命”，第二个前提是“如果一个星球没有生命，则不会有人类”，依据 HS 规则，从这两个前提我们可以得出“如果一个星球没有氧气，则不会有人类”。事实上，有科学家反对这个结论，但这并不影响这个推论的有效性，因为依据逻辑的推理原则，并不是“在论证有效的情况下，结论就必然为真”，而是“当前提全部为真的情况下，如果论证有效，则结论必然为真”。也就是说，依据 HS 规则，我们可以说，如果前提都对的话，结论必然也是正确的。

上面的例子可以用逻辑符号表达如下（假设这个星球为 X 星球）：

P：X 星球没有氧气。

Q：X 星球没有生命。

R：X 星球没有人类。

因此：

P→Q：如果 X 星球没有氧气，则 X 星球没有生命。

Q→R：如果 X 星球没有生命，则 X 星球没有人类。

而其逻辑推理则为：

（1）P→Q（前提）

（2）Q→R（前提）

（3）所以，P→R（1），（2）HS（结论）

现在，我们再做两个练习。请依据上面的范例自行练习下面两个逻辑推理过程：

练习一

（1）Q→－P（前提）

（2）－P→－T（前提）

（3）－T→R（前提）

（4）________（1），（2）HS

（5）所以，Q→R________（结论）

练习二

小王嫌小玉不够聪明。小玉说："如果我够聪明就不会被你追到了，如果没被你追到就不会和你在一起了，如果我不和你在一起你就连嫌我的机会都没有了，所以，如果我够聪明你就连嫌我的机会都没有了。"

（四）DS 规则

DS 规则指的是：否定一项则肯定另一项（由 P∨Q 与－P 可推出 Q，或由 P∨Q 与－Q 可推出 P）。

在命题与命题的关系中，除了上面提到的“如果……则……”的关系之外，还有“或”的关系，符号为“∨”。举例来说，小王的儿子老万考试考得不好。小王说：“老万是笨蛋，不然就是不用功。”在小王这句话所表达的意思中，我们可以界定符号 P 为“老万是笨蛋”，而 Q 为“老万不用功”，那么我们就可以将小王的话用符号表达为“P∨Q”。

在推理上来说，当 P∨Q 为真时，如果 P 为假，则 Q 为真。反过来说，如果 Q 为假，则 P 为真。也就是说，如果小王的话是正确的，那么我们就可以依据这个 DS 规则推出，“如果老万不是笨蛋，则他一定是不用功”，反过来，“如果老万不是不用功，则他一定是笨蛋”，所以 DS 规则的变形使用也可以从 P∨Q 推出－P→Q 以及－Q→P（否定一项则肯定另一项）。这样的推论在一般的逻辑书中是以不同的逻辑规则出现的，但由于其精神是相同的，为避免复杂化，我们在此一律将之当作 DS 规则。

假设小王所说为真，“老万是笨蛋，不然就是不用功”，小王又想，“如果老万是笨蛋，则老万一定在学习下棋方面很差”，但是小王发现“老万学下棋学得不差”，所以小王就下了结论：“老万不用功”。我们可以将小王的这一论证符号化如下：

P：老万是笨蛋。

Q：老万不用功。

R：老万学下棋学得很差。

所以：

P∨Q：老万是笨蛋或者老万不用功。

P→R：如果老万是笨蛋，则老万一定在学习下棋方面很差。

－R：老万学下棋学得不差。

然后，我们可以把这个论证与推理过程表达如下：

（1）P∨Q（前提）

（2）P→R（前提）

（3）－R（前提）

（4）－P（2），（3）MT

（5）所以，Q（1），（4）DS（结论）

由于依据逻辑规则从前提推出了结论，我们可以说，小王的论证是个有效论证——只要前提全部为真则结论必然为真。

现在，请依据上面的范例自行练习下面两个逻辑推理过程：

练习一

(1) $Q \vee -P$（前提）

(2) $-P \rightarrow -T$（前提）

(3) T（前提）

(4) ________ (2)，(3) MT

(5) 所以，Q ________（结论）

练习二

小王养了两只狗，分别叫小黑和小黄。有一天小王正在野餐时电话响了，当他接完电话回来时，发现鸡腿不见了，而现场只有小黑和小黄。因此小王开始推理："鸡腿一定是被小黑或是小黄吃掉的"，并且小王知道小黑有个习性，即"当小黑吃了鸡腿后，小黑会跑去躲起来"，但是很明显，"小黑没有跑去躲起来"，因此小王下了结论，"小黄偷吃了鸡腿"。

（五）ADJ 规则

ADJ 规则指的是结合律（由 P 与 Q 两前提可推出结论 $P \wedge$

Q）。

这个规则很符合直觉而且非常简单，只是把两个独立的命题用“且”连起来而已。所以如果作为前提的两个命题都为真，把它们联结起来成为结论的这个新命题自然也就为真了。举例来说，假设命题P为“小王是男生”，而命题Q为“小王是学生”，P∧Q则是“小王是男学生”。当P和Q两者皆为真时，P∧Q将必然为真。这样的推理规则称为ADJ规则。

现在让我们来练习一个例子。小王前几天说：“如果老万这次考试考得好而且又被老师夸奖，那我就买高级脚踏车给他。”而老万这次果然考得很好，老师发现老万进步很多也夸奖了他，所以小王会买高级脚踏车给老万。我们将此论证符号化如下：

P：老万这次考试考得好。

Q：老师夸奖老万。

R：小王会买高级脚踏车给老万。

P∧Q：老万这次考试考得好而且还被老师夸奖。

（P∧Q）→R：如果老万这次考试考得好而且还被老师夸奖，则小王会买高级脚踏车给他。

我们可以将此论证的推理过程表达如下：

（1）（P∧Q）→R（前提）

（2）P（前提）

（3）Q（前提）

（4）P∧Q（2），（3）ADJ

（5）所以，R（1），（4）MP（结论）

在这个推论中，首先要特别注意的是第五个步骤的推理，由（1）、（4）以 MP 规则导出来。在这个推理中，我们把(P∧Q)也当作一个命题来对待。例如，我们可以将 S 这个符号定义成（P∧Q），那么 S→R 与 S 当然就可以用 MP 规则推出 R 了。在逻辑形式中，我们可以将命题的组合也当作一个命题来对待，然后只要其符合某种形式的逻辑规则，就可以使用该规则来推理。现在，请依据上面的范例自行练习下面两个逻辑推理过程：

练习一

（1）（Q∧－P）→R（前提）

（2）－P（前提）

（3）Q（前提）

（4）________（2），（3）ADJ

（5）所以，R ________（结论）

练习二

小王养了两只狗，分别叫小黑和小黄。有一天，小王说："如果一分钟内两只狗都叫的话，我就注定要发财，如果我注定要发财我就会去买彩票。"过了几秒钟，小黑和小黄都叫了，因此我们可以推理出"小王会去买彩票"。

（六）SIMP 规则

SIMP 规则指的是简化律（由 $P \wedge Q$ 这个前提可推出结论 P，也可推出结论 Q）。

这个规则和前一个规则很像，都是使用"且"来联系命题，但推论的方向正好相反。ADJ 是从 P 与 Q 两个前提推出结论 $P \wedge Q$，而这个称为 SIMP 的简化律规则是从 $P \wedge Q$ 这个前提推出 P 这个结论，或者推出 Q 这个结论。其推论精神也很符合直觉，也就是把原本以"且"结合在一起的两个命题分开，任何一个都可以有效地作为推理的结论。举例来说，假定命题 P 为"小花是女学生"，这个命题 P 可以视为由两个命题以"且"结合的命题。假定命题 Q 是"小花是女生"，R 是"小花是学生"，那么 $Q \wedge R$ 就等于 P，也就是"小花是女学生"。在这个推论中，如果 $Q \wedge R$ 为真，也就是"小花是女学生"为真的话，那么分开来的Q和R也都必然为真。所以SIMP规则在前提为真的情况下，所推出的结论也必然为真。因此，这也是一个值得信赖的逻辑规则。

现在让我们来练习一个例子。小王说："昨天小玉说如果今天出太阳她就要去海边走走，而如果今天下雨，她就要去逛百货公司，然而今天既下雨也出太阳了，所以我们可以推测，小玉今天会去海边也会去逛百货公司。"

现在，我们来符号化这个推论：

P：今天出太阳。

Q：今天下雨。

R：小玉去海边。

S：小玉去百货公司。

$P \to R$：如果今天出太阳，则小玉会去海边。

$Q \to S$：如果今天下雨，则小玉会去百货公司。

$P \wedge Q$：今天出太阳而且今天下雨。

$R \wedge S$：小玉去海边而且也去百货公司。

其完整论证与推论过程如下：

（1）$P \to R$（前提）

（2）$Q \to S$（前提）

（3）$P \wedge Q$（前提）

（4）P（3）SIMP

（5）Q（3）SIMP

（6）R（1），（4）MP

（7）S（2），（5）MP

（8）所以，$R \wedge S$（6），（7）ADJ（结论）

由于完全依据有效的逻辑规则从前提导出结论，我们就成功地证明了这个论证是有效论证。也就是说，如果前提全部为真的话，结论必然为真——小玉会去海边和百货公司。

然而我们会觉得这个结论与推论过程都怪怪的，即使我们依据有效的逻辑证明出来，还是不能忽略这种怪怪的感觉。因此，我们必须回头省思一下到底哪里有问题。这问题很可能是，即使小玉真的这样说了，但她可能没有表达出她更准确的想法，而且可能遗漏了一些信息，而没有用语言表达出来。在日常生活中，我们通常不会要求自己很精确地表达意见，只要大致上说到别人能懂就行了。语言的目的不就是沟通吗？但是有时候我们以为所说的话对方能够明白，可实际上对方却可能理解成别的意思了。有时我们认为有些事情大家都知道，不用全讲出来，但是却可能因为漏说了一些话而产生误解。从逻辑的角度来看，我们称这些被说话者省略的东西为“隐藏前提”。在沟通中，如果我们没有把说话者的隐藏前提找出来，就很容易误解对方。而且当隐藏前提包含谬误时，我们不容易立刻查找到谬误。因此在对话中补足对方的隐藏前提是一种避免谬误的重要能力，否则我们在日常生活中单纯依据说话者说出的内容而做的论证大部分都是无效论证。如果我们因此而批评对方，就很容易犯“批评稻草人”的谬误。

在上面的例子中，如果我们很精确地去理解小玉的意思，那么她应该是说，如果今天整个来说算是晴天，那么她就要去海边，如果绝大部分时间都在下雨，那么她就要去逛百货公司。而且这里有一个隐藏前提——这两件事她不会都做，只会选择一件。在这种情况下，上面的推论自然就不适用了，我们就必须用其他的符号表达与推理来达成不同的结论。这个部分就留给读者自行练习。关于“隐藏前提”，将会在下一章详细讨论。现在，我们针对这个 SIMP 规则再做两个练习。请依据上面的范例自行练习下面两个逻辑推理过程：

练习一

（1）$R \to (Q \land -P)$（前提）

（2）R（前提）

（3）________（1），（2）MP

（4）所以，$-P$ ________（结论）

练习二

小王养了两只狗，分别叫小黑和小黄。有一天，小王说："如果一分钟内两只狗都叫的话，我就会发财且发福，如果我发福我就会去运动。"过了几秒钟，小黑和小黄都叫了，因此我们可以推理出"小王会去运动"。

逻辑推理的练习相对较为枯燥乏味，而且对许多较不习惯抽象思考的人来说会比较困难。但这样的练习有两个层面的意义：第一是加强抽象思考的能力，也就是单纯使用逻辑符号完全不管其内容的推理运算；第二是训练将日常生活的用语符号化之后加以计算。此类练习的目标在于培养用形式逻辑的方式去计算日常生活中的想法的习惯，让我们更好地确认这些想法有没有问题，而另外很重要的一点当然就是训练查错神经的敏感度，所以可不要将这个部分的练习跳过了。现在，请依据上述逻辑规则从前提推出结论。

练习一

（1）$P \rightarrow -T$（前提）

（2）$T \vee S$（前提）

（3）S→K（前提）

（4）P（前提）

（5）所以，K（结论）

练习二

（1）（P∧T）→K（前提）

（2）－R（前提）

（3）－P→R（前提）

（4）T（前提）

（5）所以，K（结论）

练习三

（1）（S∧R）→（K∨－P）（前提）

（2）S∧K（前提）

（3）Q∧R（前提）

（4）－K（前提）

（5）所以，－P（结论）

练习四

（1）S∧R（前提）

（2）T→－R（前提）

(3) $Q \vee T$（前提）

(4) $S \to K$（前提）

(5) 所以，$Q \wedge K$（结论）

练习五

(1) $K \vee (R \wedge T)$（前提）

(2) $P \to -R$（前提）

(3) R（前提）

(4) $P \vee -K$（前提）

(5) 所以，T（结论）

在下面的练习中，请以形式逻辑分析日常推理。

练习六

小王在火车站等车，有个人跑来跟小王说他钱包丢了没钱坐车回家，希望小王借他250元钱。小王开始思考要不要借他钱：“如果他真的丢了钱包就会去报警，如果他去报警，警察就会借他坐车回家的钱，那么他就不会来跟我借钱了，现在他跑来跟我借钱，由此可知，他丢钱是假的。”请把小王的论证符号化后，再依据逻辑规则由前提推出结论。

练习七

于是，小王把推理告诉他，并且决定不借给他钱。但是，他却说："我没有去报警是因为我的钱包里面没有证件，只有用来坐车回家的 250 元钱。"小王这时发现自己犯了一个"把合理当正确"的谬误，因为通常钱包里面会有证件，而且证件丢了就会去报警，这个推测虽然很合理，却被小王自然而然当作正确的。因此小王觉得他丢钱是真的，所以很不好意思地拿出 250 元借给他。但是这时小王又发现自己产生了另一个错误推理："当前提错误时，不表示结论是错的"，再看看那个人，发现他没有去买票，而是离开了车站。因此小王又开始推论："他拿了钱后离开车站表示并不想搭车，他不想搭车则他刚刚说谎，他说谎表示我被骗了，因此我被骗了。"请把小王的论证符号化后，再依据逻辑规则由前提推出结论。

练习八

不甘心的小王很快追过去，跟那个人说了自己的推理，那个人回答："我刚刚又没说我要坐火车，我只说我要坐车回家啊。"于是，他招了一辆出租车离开了。小王站在旁边又开始推理："如果他有良心则应该借最少的钱回家，坐火车比坐出租车的钱少，所以既然他坐出租车，那么他是个没良心的人。如果他没有良心则我不应该借钱给他，因此我不应该借钱给他。”请把小王的论证符号化后，再依据逻辑规则由前提推出结论。

练习九

回到家后，小王看到那个人竟然在自己家中，原来他是妻子小玉的弟弟。由于小王家火车和公交车都到不了，所以只能坐出租车，而且车资真的大约是250元。于是，小王为自己的谬误感到抱歉，但是爱面子的小王却说：“你怎么骗我说你要回家?”他说：“如果我说实话，则没有人会借给我钱，没有人借给我钱，我就到达不了这里，我到不了的话小玉就会很生气，如果小玉生气的话你就会遭殃，所以我如果说实话你就会遭殃。”请把他的论证符号化后，再依据逻辑规则由前提推出结论。

练习十

但是小王也不甘示弱，他说：“如果你说谎你就是做错了事，而如果你做错了事还不承认，那么你就是没良心的人，如果你是没良心的人则我是对的，由于你刚刚说谎，而且你还不承认，所以我是对的。”请把小王的论证符号化后，再依据逻辑规则由前提推出结论。

第4章　高级查错神经：隐藏前提、反例与综合分析

第2章与第3章的主要目的在于指出我们在日常生活中常遇到的各种谬误，并且希望能够通过训练查错神经使我们对这些谬误更为敏感。第3章也大略介绍了逻辑的推理与分析方式，这有助于我们分辨形式谬误与正确推理的差异。读者如果已经熟悉第2、3章的内容，而且可以应用到日常生活中，那么就应该已经有了查错神经中级的水平。这一章希望能使读者的查错神经进一步提升至高级的境界。本章主要的内容是从论证架构中寻找隐藏前提以及反例。

有时候，谬误并不是存在于被明确讲出的话语中，而是隐藏在没有被讲出的想法里。如果不能将这种“隐藏前提”翻出来，就很难找到错误的推理。所以，寻找隐藏谬误的能力是进一步锻炼查错神经的重要组成部分。

另外，反例可以迅速且一针见血地证明一个推论或者前提是有问题的。举例来说，小玉说：“我们要保护所有生物不要灭绝，而且最好的方式就是让它们在自然界中自由生长。”这个说法听起来蛮有道理的，但是我们是不是要让曾经造成数百万人丧生的“天花病毒”重新回到自然界中自由生长呢？答案显然是否定的，而这就是一个反例，一个对小玉的说法有强大杀伤力的反例。这个反例一提出来，小玉的说法就完全站不住脚了。在日常生活中，善用反例的人可以迅速地反驳别人的说法而让人瞬间哑口无言，但使用反例也需谨慎。强而有力的辩才可能会让别人在众人面前丢脸，也许会导致不良的人际关系。如果在指出反例的时候能带一些幽默感，并尽快帮别人找个台阶下，情况就会好一点。

然而，反例除了能让我们一针见血地指出别人的问题之外，还可以让我们借此发现更多的问题。以上面的例子来说，既然会致人死亡的病毒不适合留在自然界自然生长，我们又为什么要让同样可以致人死亡的毒蛇等生物留在自然界中继续存活呢？

寻找反例的目的也在于快速发现一个想法里的问题核心所在。除了在沟通方面能瞬间产生很大的说服力之外，也能让自己很快地辨识出某些类型的错误思考或错误前提。

一、论证与隐藏前提

当一个谬误明明白白地呈现在语言文字中时，只要我们受过谬误辨识的训练，想发现它们其实并不困难。但是谬误会以各种方式隐藏在不被意识的阳光照耀的隐蔽角落，这时要发现它们就没那么容易了。在这样的时候，我们必须以论证结构作为工具，让推理的隐蔽空间清楚地呈现在我们眼前。用逻辑术语来说，我们必须找出隐藏前提或者隐藏语意来发现谬误。

例如，我们常常会听到有人说“吸烟是不健康的行为，人们都应该戒烟”。在这个例子中，前提是“吸烟是不健康的行为”，而结论是“人们都应该戒烟”。很明显，从这一前提是没办法推出这样的结论的。通常在这样的情况下，说话者很可能有未表达的隐藏前提，我们可以很容易地帮他补进一个前提，比如：“凡是不健康的行为都应该戒掉”。加上这个前提之后，由这两个前提就可以成功推出该结论，而这个隐藏前提是很多人会自然而然同意的观点。因此我们可以主张，这个隐藏前提应该就是说话者没有说出来的想法。

又如，小王看到小玉的爸爸开着名车，就说：“原来小玉家很有钱。”在这个推理中，前提是“小玉的爸爸开名车”，结论则是“小玉家很有钱”，而需要的隐藏前提则是“开名车的家里都很有钱”。当然，这里还必须有一个在逻辑推理上需要但实际上可能无须特别强调的隐藏前提：“小玉的爸爸和小玉是一家人”。有了这些隐藏前提，我们就可以在逻辑上推出该结论。

再看一个例子。小花觉得自己很笨，小王说：“怎么会呢，你爸爸可是老师啊。”在小王的话中，小王的隐藏前提自然是“老师的子女都不会笨”。

在日常的对话中有时会遇到比较复杂的情况，这时候要找出隐藏前提相对比较困难。举例来说，前几天一个对房市比较了解的朋友小陈和我一起去看房子，负责接待的是一位很年轻又很有礼貌的中介人员阿宏。阿宏在跟我们的闲聊中提到他的妈妈是今年的房屋销售王，这时小陈很自然地说：“那你妈妈一定很漂亮啊。”

在这句表面上看起来像是赞美别人的话中，我们可以发现什么呢？我们可以发现小陈有个隐藏前提：“他妈妈之所以成为房屋销售王，主要是因为她的外貌很美”。如果我们把这个描述隐藏前提的句子说出来，那么查错神经敏感度够高的人就会很快发现这是一个“轻率联结因果”的谬误，也就是将“美丽的外貌”与“卖出很多房子”轻率地用因果关系联结起来。

但是当这句话只是被预设为隐藏前提的时候，我们就不易发现这个谬误。另外，在小陈这句话中，其实还可以更深入地发现其他的隐藏想法：“他妈妈之所以成为房屋销售王，主要不是因为她的能力很强”。因为既然成为销售王的主因是外貌，那么其主因当然就不是能力了。所以当那位年轻热诚的房屋中介员阿宏听到小陈的话的时候，虽然小陈所说的话表面上是在赞美他的妈妈，但是隐藏的语意却可能是批评她的能力。其实，在这种情况下，大多数人都会感到不对劲。人类的自动推理能力基本上可以自动运作到这个程度。当这样的自动推理在运作时，阿宏内心可能会感到一阵不快，但是他未必会意识到为什么自己会不高兴，这需要一些思考与分析的能力。

然而我们可以更进一步地追问，为什么小陈在不认识阿宏妈妈的情况下会做这样的推测呢？一个很简单但却正确率很高的推测是，小陈有另一个隐藏的前提：“女人的能力都不会很强”。为什么会这样推测呢？因为对这个社会的许多人而言，如果阿宏所说的不是妈妈而是爸爸，大多数人的响应会是“你爸爸好强啊”而不会是“你爸爸一定长得很帅”，尽管长得很帅当然也会对房屋销售有所帮助。那么，为什么当说的是妈妈的时候会有这样的差别呢？因为在当今社会上的确仍有这样的轻视女人能力的刻板印象，而这种刻板印象在思考中就自然而然地形成了一个隐藏前提。当小陈的自动推理机制运作时，他就会脱口而出类似“你妈妈一定很漂亮”的话。

如果该中介人员不是阿宏而是一个重视能力的女性，那么当小陈说了这样的话时，她就很可能会有女性被轻视的感觉而生气。但是如果不具有分析能力，她未必能够知道自己为什么会生气。或者她可能感到女性被轻视，但不见得能够明确说出被轻视的理由。遇到类似情况的女性如果尝试辩解但却无法指出核心问题，可能会被人说成“找麻烦的女性主义者”。所以当这些谬误或是偏见被隐藏起来之后，我们实际上不易发现它们。我们需要具备一定的能力才能将其翻出来，而且这样的能力最好变成直觉般的心算能力，这样的训练会让我们的查错神经达到高级水平。

找出隐藏前提的最有效的方法是从论证的结构中去寻找。首先，我们先假设对方的推理是有效论证，那么我们看看其论证是否缺了某个环节，然后帮他补足前提。这个添加上去的前提就是隐藏前提。举例来说，请看下列论证：

（1）$P \rightarrow Q$（前提）

（2）$R \rightarrow S$（前提）

（3）所以，$P \rightarrow S$（结论）

在这个论证形式中，我们发现这是一个无效论证，我们不可能借由逻辑规则由前提导出结论。但是我们发现，只要再加一个前提“Q→R”，就可以用两次 HS 规则由前提有效地导出结论，推理方法如下：

（1）P→Q（前提）

（2）R→S（前提）

（3）Q→R（隐藏前提）

（4）P→R（1），（3）HS

（5）所以，P→S（2），（4）HS（结论）

那么我们就可以说，Q→R 就很可能是这个论证的隐藏前提。

以实例来看，小王说：“如果今天下雨，我就不会来学校（P→Q），如果我今天没遇到小玉，就不会约到她（R→S），所以如果今天下雨，我就不会约到她了（P→S）。”这个论证看起来很零碎，因为其跳过了一个重要的环节：“如果不去学校，则我不会遇到小玉（Q→R）”。当我们把这个隐藏前提补进去后，整个论证就会完整了。而正因为如此，我们也可以说，小王的论证有个隐藏前提，而其隐藏前提很可能就是这个。

然而由于我们日常生活中的推理大多会跳过我们以为听者都已经知道的东西，所以有时隐藏前提不会只有一个。在这种情况下，要找出隐藏前提的难度就会更高。让我们来练习几个例子：

小蓝说："凡是没有经过核准的抗议或请愿的游行活动都是违法的，昨天小绿参加的抗议活动没有事先申请，因此小绿是不道德的。"

这个例子不宜用我们之前的逻辑符号来表达，因为其牵涉到"凡是"或是"某人"之类的词汇，这需要用另一种称为"述词逻辑"的结构来讨论。但讲述另一种逻辑系统需要花费的时间比较长，有兴趣的读者可自行参考这一方面的逻辑书。然而只要已经具备不错的一般形式逻辑的心算能力，对付日常生活中的这类例子其实是没有问题的。我们可以单纯使用日常语言来讨论。在这个例子中，我们首先列出其前提：

前提（1）：凡是没有经过核准的抗议或请愿的游行活动都是违法的。

前提（2）：小绿参加的抗议活动没有事先申请。

结论：小绿是不道德的。

在这个论证中，有许多推理的环节遗漏了。如果我们要让它成为一个有效论证，就必须把所有的环节都补起来，而添加的环节就可以解读成隐藏前提。

隐藏前提（1）：抗议活动没有事先申请就是没有经过核准。

加上这个隐藏前提之后，我们就可以再加上前提（2）而推理出：

推论（1）：小绿参加的抗议活动是没有经过核准的活动。

而这个推论（1）加上原本的前提（1）就可以推理出：

推论（2）：小绿参加的活动是违法的。

然而，从这个推论（2）要推出结论“小绿是不道德的”，还需要增加一个隐藏前提，即：

隐藏前提（2）：参加违法活动是不道德的。

加上这个隐藏前提之后，我们就可以从这四个前提有效推出结论，那么我们就可以说，在小蓝的论证中有这两个隐藏前提。然而要使其成为有效论证的方法可能不止一个，也就是说，可能的隐藏前提有时不止一组。例如，我们可以不用隐藏前提（2）“参加违法活动是不道德的”，而改用其他两个隐藏前提，比如：

隐藏前提（2）A：参加违法活动是违法行为。

隐藏前提（2）B：做出违法行为是不道德的。

这两个隐藏前提刚好也可以填补原本的隐藏前提（2）要填补的环节，而且或许更有说服力。那么，这样的隐藏前提或许更贴切。

为了更清楚地说明隐藏前提，我们再来讨论一个更为复杂的例子：

小佩说："虐待动物的人都太可恶了。"阿刚说："你好像反而不太讨厌那些虐待儿童的人，这样好像有点是非颠倒了。"

阿刚的这个论证看起来真的很简略，简略到不太看得出他的理由究竟是什么，但仔细推敲仍旧能够发现一些端倪。首先我们来分析一下阿刚论证的前提与所需的隐藏前提。

前提：小佩讨厌那些虐待动物的人超过讨厌虐待儿童的人。

隐藏前提（1）：人比其他动物更不该被虐待。

隐藏前提（2）：儿童是人。

隐藏前提（3）：对于虐待了越是不该被虐待的东西的人，我们就该越讨厌他们，否则是非颠倒。

结论：小佩是非颠倒。

在这个论证中，隐藏前提（1）和（2）合起来可以推论出：

推论（1）：儿童比其他动物更不该被虐待。

这个推论加上原本的前提以及隐藏前提（3），就可以由此成功推理出结论"小佩是非颠倒"。因此我们合理地推测，阿刚有这三个隐藏前提。

我们这样分析的时候可以发现，其实小佩的话只是表达出对虐待动物者的讨厌程度很强，似乎没有表达出前提所说的“小佩讨厌那些虐待动物的人超过讨厌虐待儿童的人”。但我们可以假设阿刚跟小佩很熟，因而知道她对虐待儿童的人的讨厌程度似乎没那么强。如果真是如此，那么我们仍旧可以同意阿刚的前提是正确的。但是，其他隐藏前提都正确吗？隐藏前提（1）和（3）其实都是有待商榷的，从这里我们也可以发现阿刚论证的争议所在。当然，我们对阿刚论证的隐藏前提的假设并不一定就是对的。如果我们认识阿刚，则可以问他是否同意这些隐藏前提，否则我们可以尝试去寻找其他可能的隐藏前提。

这个寻找隐藏前提的过程牵涉到我们是否真正理解了某人的论证及其理由，牵涉到我们是否对他人的想法有所误解。通常我们会先寻找最好的可能的解释来理解别人，这是一种比较善意的解读。但有时我们也可能会将其隐藏前提解读成一种谬误，因为那可能是最合理的解释。下一节我们就来探讨对隐藏前提的寻找与对一个人想法的理解之间的关系。

练习题：寻找隐藏前提。

1. 开辟新的垃圾场一定要先跟附近人家做好沟通，否则万一爆发抗议冲突，政府就会变成一个暴政集团了。

分析：这个说法乍看之下还蛮有道理的，但是当我们翻出隐藏前提之后就比较容易发现问题了。这里的隐藏前提是“如果政府单位跟人民爆发抗议冲突，这样的政府就会变成一个暴政集团”。很明显，如果这个隐藏前提为真，那么大概所有国家的政府都是暴政集团了。从这样的分析中就很容易看出这个论证的问题所在。

2. 多年前，当小王在网络上遇见一个新网友小玉时，小王问小玉：“你是高中生还是大学生?”小玉回答：“我年纪比你大很多，我已经不是学生了。”小王心里想：“那可不一定，我是硕士生了。”后来小王发现小玉的男友还是学生，因此他就跟小玉说：“还说你年纪比我大很多，搞不好比我还小呢。”

分析：在小王的推理中，他所需要的隐藏前提有两个——男女朋友年龄都差不多、学生年龄不会很大。这两个隐藏前提看起来都是有问题的。虽然大多数的时候是这样，但错误的机会也并不小。在隐藏前提被翻出来之前，我们不太容易注意到这个推理的错误，但隐藏前提被找出后就比较容易发现了。

3. 小玉最近接到可靠消息，说是她的男朋友小王移情别恋了。因此小玉就小心地仔细观察与跟踪，她发现小王真的和他们的朋友小花有暧昧的关系。于是她就很冷静地去找小花谈，小花表示抱歉并且保证不会再继续和小王来往。因此，小玉解决了小王移情别恋的问题。

分析：这里很重要的隐藏前提是“小王移情别恋的对象只有一个”。由于我们习惯性的成见都是如此，我们会视这种隐藏前提为理所当然，这样的情况让我们很难发现这类隐藏前提。

4. 你已经开始吃素了吗？

分析：这种问法预设一些事情是正确的。如果一个佛教徒问人“你已经开始吃素了吗”，就有隐藏问一个人道行的味道。如果连吃素都还没开始，就意味着道行还浅得很。这个隐藏前提是，吃素是一个修行之人的必经之路，而没吃素的人道行还很浅。如果某人问某个学生“你已经开始用功了吗”，也有相同的意思。

5. 对于明天群众集会的一切行为，政府将以最大的包容与谅解来面对。

分析：“包容”、“谅解”这些词汇的用法隐含被包容与谅解的对象是错误的，或是做了不当的行为，否则何来的包容与谅解呢？因此虽然这看上去是一句简单而亲切的话，但却设下了一个陷阱。这样的说法等于政府预言该集会将有错误的、不当的行为发生，而按照一般的自动推理来说，会在集会游行中产生错误与不当行为的人是缺乏自律与道德的人。因此这句话的效应是一开始就先抹黑该集会及参与者，万一真的有任何脱序行为，就更会被如此解读，而忽视其他的可能性。

6. 小王："警察真的很过分，在我家前面把我的车拖走。虽然我家前面是黄线，但是我家前面的马路根本就没什么车子。"

分析：这里有一个重要的隐藏前提——"把车拖走的唯一目的是疏解交通"，这的确是拖车的主要原因，但却并非唯一原因，或许影响到别人生意而被告发也是拖车的原因。挖出隐藏前提有利于我们发现更多的思考错误。

7. 由于只有两种药物A与B可以用来治疗R先生的疾病，但是R先生对A药物过敏，所以我们用B药物治疗R先生是较好的选择。

分析：此论证需要的隐藏前提——（1）B药物没有过敏问题也没有其他更糟的问题。（2）没有更糟的问题就是较好的选择。(3) 治疗比不治疗更好。

8. 你看最近课外辅导班的老师们频繁出现的情感问题，从这里就可以看出为什么当下课外辅导班的教学质量这么差。

分析：如果我们想要把这段话用论证的方式表达完整的话，可以改写如下——

前提 (1)：最近课外辅导班的老师们频繁出现情感问题。

前提 (2) (隐藏前提)：当情感混乱时，教学质量就会变差。

结论：当下课外辅导班的教学质量很差。

在这个论证中，我们可以看出前提 (2) (隐藏前提) 是有问题的，它可能犯了"不相干"的谬误，因为一个人的情感是否混乱跟此人的教学质量应该是无关的。另外，从论证也容易看出这里有"以偏概全"的谬误。因为课外辅导班的老师们出现情感问题应该只涉及某些人而非全部，就算有情感问题会造成教学质量变差，也不是全部。从另一个角度来看，如果当下课外辅导班的教学质量很差是事实，而说这话的人只是在找教学质量变差的原因，那么这就是一个"轻率联结因果"的谬误，即轻率地把出现情感问题当作教学质量很差的原因。

下面几题请自行练习。

9. 由于毒品会使人上瘾且难以自拔，毒品应该被严格禁止。

10. 老王开了一家机构专门帮助别人戒烟，几年下来真的让很多人成功戒烟了。做了这么多功德，老王真是一个大善人。

11. 那个官员用公款买自己孩子的食物，难道这还不是贪污吗？

12. 昨天晚上小王看见小美的爸爸带着一个名牌公文包，小王说："小美家里真富有。"

13. 黄老师说："我受不了腰边两堆赘肉，我要减肥了。"小玉听了说："天啊，老师连你都要减肥，那我怎么办？"

14. 某市市长主张某份周刊是制造社会混乱的源头，所以他呼吁大家不要相信该周刊的报道。

二、理解与隐藏前提

在一般日常生活的沟通中，即使对于已经说出来的字句都有可能产生误解，而在寻找隐藏前提的过程中，由于我们需要猜测别人没说出来的推理过程，因此产生误解的可能性更高。所以在寻找隐藏前提的过程中必须小心谨慎，尽量寻找一个最合理的隐藏前提组合，而且即使找到很合理的解释也必须小心不要犯了“把合理当正确”的谬误。

然而有些隐藏前提很简单，几乎是没有什么争议的。例如，小玉说：“随地吐口香糖会破坏环境，所以随地吐口香糖是不道德的行为。”在这个例子中，小玉的前提是“随地吐口香糖会破坏环境”，而结论则是“随地吐口香糖是不道德的行为”。从推理上来看，从这个前提显然无法推出该结论，必须加一个隐藏前提：“破坏环境是不道德的行为”。多了这个隐藏前提之后，此论证就成了有效论证，因此我们猜测小玉的话具有这个隐藏前提。在这个例子中，我们几乎没有什么其他选项可以选择，因此我们可以肯定小玉有这个意思。当然，我们永远不能排除有其他我们没想到的或是很离谱的可能性，因为人的思想是千变万化的。

又如，某个反对废除死刑的人说："主张废除死刑的人很高尚。"这句话从字面来理解是在赞美主张废除死刑的人，但是如果我们从其当时讲话的态度以及其一贯的立场来看，或许会有不同的解读。我们猜想，他想要表达的意思可能是"主张废除死刑的人以为自己很高尚"，另一个可能是"主张废除死刑的人是因为希望别人认为他们很高尚所以才这么主张"，我们可以将这两种不同的解读当作可能的隐藏前提。那么，我们就可以根据这些隐藏前提来进行逻辑上的分析。

再举一个例子来看。老万想去打工，但小玉跟老万说："学生的本分就是要把书念好，没有把书念好就是不对的。"在这个例子中，前提是"学生的本分是要把书念好"，而结论是"学生没有把书念好就是不对的"，这个论证显然也是无效论证。必须加上一个隐藏前提"没尽本分是不对的"，加上它之后论证就完整了。那么我们就可以合理推测，小玉在说那个论证时内心隐藏了这样的想法。这也是没什么争议的例子。然而，有些推理就没这么容易判断了。

例如，小王说："我爷爷王老先生有高血压、糖尿病以及痛风，有这些疾病的人都不能吃大鱼大肉，否则对身体有不良影响会加速死亡。但他又不听劝告，喜欢吃大鱼大肉，我们应该强制他不许再吃大鱼大肉。"

在这个例子中，我们可以发现小王有几个可能的隐藏前提，但不容易判断究竟哪一个才真的是他主要的想法。如果判断错误而去批评人，就会犯“批评稻草人”的谬误。我们可以列出如下三个不同的隐藏前提：

隐藏前提（1）：会导致加速死亡的行为对王老先生不好，在他无法自我克制的情况下，我们应该协助禁止这些行为。

当我们主张小王有这个隐藏前提时，就表示我们认为小王是为了王老先生着想才去限制王老先生的行为的。

隐藏前提（2）：王老先生的加速死亡的行为让小王感到不愉快而使得小王要去禁止这些行为。

当我们这样解读时，我们事实上是认为小王的行为是为了要让他自己感到愉快一些，而不是为了别人着想。因为如果别人想活得愉快一些但不在乎是否活得久，我们有什么理由说这样一定是错误的呢？我们如果原本就认为小王是个不太会去关心别人的人，那么就会倾向于用这个隐藏前提来解读小王的做法。而且由于这个隐藏前提是很合理的，所以也容易犯“把合理当正确”的谬误。而我们如果借由过去小王的几个不太关心别人的行为来推测他的行为都不是想要关心别人，则犯了“以偏概全”的谬误。

隐藏前提（3）：活久一点比活得开心更重要。

除了上面那两种可能的解读之外，我们还可能有这个第三种解读。如果小王的价值观主张人应该尽可能活得久一些，而不应该为了活得开心而缩短生命，那么他也可能会有那样的想法与做法。我们如果原本就觉得小王是个很珍惜生命而且注重养生的人，那么就会倾向于认为这才是小王的隐藏前提。

上面列出的三种隐藏前提只是可能性比较高的，还有很多可能的不同的解读。如果我们对小王有些认识，那么我们可能会依据对他的已有认识来寻找隐藏前提，这种情况误解的概率较低。但是我们如果对小王没有什么认识，或者我们是个不太注意别人想法的人，那么很可能会依据我们自己的观点来判定小王的隐藏前提。所以俗语说，“眼中常常看见坏人的人实际上看见的是自己”，反过来说，“眼中常常看见善人的人实际上看到的也是自己”。然而这是一种依据自己的内心世界来理解别人的方式，是一个很容易产生误解的理解方式。善良的人往往会以善良的动机解读别人，自私的人也往往会从自私的角度来解读别人。

在大多数情况下，由于这样的隐藏前提的产生是一种自动推理的过程，而我们对这种自动推理的过程通常不太会去注意。因此很多时候，我们在不自知的情况下或许正不断地对他人的想法产生错误的解读。要预防这种错误解读的一个有效方法就是多找几个可能的隐藏前提，不要只找到一个合理的就停下来并判定它是正确的。因此在下面的练习中，请至少找出两种以上的隐藏前提。

练习题：找出两种以上的隐藏前提。

1. 小王："黄老师真的是有点夸张，他竟然把全班超过一半的人判了不及格。"

分析：在小王这个说法中，因为他使用了"夸张"和"竟然"的字眼，所以他隐含的意思是"黄老师不应该判这么多的人不及格"。可以说这是一个隐藏结论，这个隐藏结论完全没有明显的前提。也就是说，所有的前提都必须我们自己去猜想，那么我们可以有如下的猜测：(1) 判很多人不及格是一种恶意的行为，而表现出恶意的行为是不应该的。(2) 被判不及格的人数无论如何都应该是少数。我们如果很难确定到底是哪一个隐藏前提，就应该问一问小王，看他为什么这么认为。如果他说"只有心态不正常的人才会这么做"，那么我们就可以猜测其隐藏前提是第一个。但如果小王回答"这是理所当然不应该的啊"，那么他的隐藏前提应该是第二个。如果小王有其他回答，那么我们可以找到其他可能的隐藏前提。

2. 小绿："A市又有人自杀了，当地政府还是无法解决失业问题，真是一个无能的政府。"

分析：这里至少有一个隐藏前提是"自杀的人是因为失业才那么做"，但是主张政府无能的原因究竟是"失业"还是"自杀"则不明确。所以，我们可以假设两个不同的隐藏前提：(1)"政府如果无法解决失业问题而导致有人自杀，则此政府是个无能的政府"。在这个隐藏前提中，发生让市民生活痛苦而自杀的事件则显示政府无能。也就是说，如果政府无法解决失业问题但能够让市民不自杀的话，也就还算可以。(2)"政府无法解决失业问题就是无能的政府"。在这个隐藏前提中，主要的问题在于解决失业问题，政府必须解决失业问题才算是有能力的政府。

3. 你们哲学家对科学批评这么多根本就没有用，因为科学家根本就不理会你们而且他们也不读哲学。

分析：这个论证的前提——(1)哲学家批评科学。(2)科学家不理会哲学家也不读哲学书。结论是"哲学家对科学的批评无用"。而根据批评的不同目的，可能存在不同的隐藏前提。例如，"哲学家批评科学家的目的是让科学家的自信降低，但科学家根本就不听不看，所以没用"，或者"哲学家批评科学家的目的是希望科学家能改革科学方法，使科学更进步，但由于科学家根本不看也不听，所以没用”。此外，还有许多可能的不同解读，请读者自行试试看。

下面几题请自行练习。

4. 小蓝：“那个政党又有人贪污，始终无法避免贪污的事情发生，真是一个差劲的政党。”

5. 黄老师：“阿刚不只常常迟到、学习态度差，还对老师很不礼貌，这种学生一定要判不及格。”

6. 小玉：“如果外星人来侵略地球，我们就完了。”

7. 小玉把一张海报贴在办公室，小花却说：“这海报贴在我面前让我不舒服，可不可以不贴？”小玉因此认为小花在找碴。请问小玉有哪些可能的隐藏前提？

8. 昨天又看见有女生穿着超短迷你裙，唉，现在的女生真是太不知羞耻了。

三、反例

“反例”是用来反对一个主张或论证的迅速且有效的例子。如果寻找反例的能力较强，我们就比较容易发现一个主张或是一个论证的问题所在。以科学主张来说，科学命题主要是针对自然界事物的全称性的主张。例如“所有乌鸦是黑的”，只要我们找到一只非黑色的乌鸦，就反驳了这个主张。又如“月球不可能有生物生存”，只要我们能够找到一种可以在月球上生存的生物，也就反驳了这个主张。而这种可以用来反驳一个主张的个别例子就称为“反例”。

在日常生活的主张中，有时并没有反例可以像科学反例一般直接反对该主张，但是却能弱化一个主张或是指出其问题所在。就以本章一开始提到的例子来说，用“天花病毒”的反例反驳“我们应该让所有生物回到自然界自由生长”。针对这样的反驳，主张者可能会说：“为什么你认为人类的生命价值大于天花病毒的生命价值呢?”也就是说，这样的反例并不能完全否定一个主张，但是却能弱化它，因为毕竟我们大多数人认为人类的生命价值是大过病毒的生命价值的。这里所谓的“弱化”指的是，这个反例说明原有的主张需要诉诸“人类的生命价值不会超过病毒”这种不太符合一般价值观的想法。这样一来，其说服力就比原先减弱了。而当一个主张的说服力变弱时，同时也就呈现出它的问题所在。例如，如果主张者同意不该让病毒继续留存于自然界，但却改说，在他主张的生物中并不包括病毒一类的微生物，那么我们就可以拿毒蛇的例子当反例。既然会危害人类生命的病毒不应留存在自然界自由生长，那么为何毒蛇却可以呢？主张者就必须为此提出一个合理的解释。

再举一个日常生活的例子来看。某一堂课刚开始时，黄老师说：“之前学的内容有没有问题？没有吗？没问题就是没看书。”在黄老师的这个论证中，前提是“学生没有问题”，结论是“学生没有看书”。这个论证的隐藏前提很容易发现：“学生如果看书了就会有问题”。将前提跟隐藏前提用 MT 规则推理，就会得出结论，所以加上这个隐藏前提后该论证就是有效的。但我们发现这个隐藏前提是有问题的，因为我们可以找出反例，指出并非所有的学生都是看书了就有问题。例如，小明很笨，书看了半天还是看不懂，所以也不知道能问什么。这就是一个反例，因为小明看书了，但是却没有问题。另外，小玉很聪明，看书后都看懂了，所以没有问题。这也是一个反例，因为小玉看了书也没问题。当然，这两个反例是极端的例子，不太可能班上全是这样的人，总该有人是介于很聪明跟很笨之间的吧。更多的学生可能是看书了但是看得很少，或是看得不专心也没仔细思考，因此就没有问题。这应该是针对黄老师的隐藏前提更为恰当的反例。

反例可以区分成两类。除了上面这种通过指出一个违反某个主张的例子来反驳该主张的反例之外，还有一种是用来指出一个论证是无效论证的反例。这样的反例针对的是一个逻辑形式，而不是一个命题。之前提到过，一个论证形式如果是有效的，则这个论证形式可以保证在前提全部为真的情况下，结论必然为真。也就是说，如果符合一个论证形式的例子有可能出现前提全部为真而结论为假的情况，那么我们就可以说这个论证形式是无效论证。第二种反例的意义就在于证明一个论证为无效论证。在日常生活中，这种反例的存在会使我们明白我们的推理是错的。当我们要判断一个前提或是一个结论的真假时，我们需要分析它的内容，而当我们要判断一个论证是否有效时，可以完全不用管它的内容，只需看它的形式。例如：

前提（1）：今天下雨。

前提（2）：小王喜欢下雨天。

结论：小王今天很高兴。

这是一个用日常生活用语做的论证。首先我们要将它改成更符合逻辑论证的形式，也就是使用一些关联词来重新陈述它，例如：

前提（1）：今天下雨。

前提（2）：只要今天下雨，小王今天就会很高兴。

结论：小王今天很高兴。

我们把前提（2）改了，这样的改变是否正确其实是有争议的，因为小王喜欢下雨天似乎并不必然表示每当下雨他就会高兴。但是我们可以暂时不追究这样的争议，只针对这个例子讨论其真假以及论证是否有效。如果我们想要知道其真假，一定要分析其内容。例如，看看外面是否下雨来检验“今天下雨”这个命题是否为真，然而我们如果要看这个论证是否有效，就必须看它的论证形式，也就是其去掉内容后的结构。上面这个论证可以形式化如下，首先，令 P＝今天下雨，Q＝小王今天很高兴，那么这个论证的形式可以表达如下：

前提（1）：P

前提（2）：$P \rightarrow Q$

结论：Q

这就是上面论证的形式。通过这个形式是否总是可以由全部为真的前提导出真的结论，我们就可以据此判断这一论证是否有效。所以当我们判断一个论证是否有效时，根本不用在意前提和结论说了什么，只需在意这个结构中的前提是否总能推出结论。有效论证保证只要前提为真则结论必然为真。但要注意的是，有效论证不保证前提为真，所以也不保证结论为真，它只保证“如果前提为真的话，结论必然为真”。那么如果上面的论证形式为有效论证，我们绝对找不到“反例”。也就是说，我们绝对找不到某种内容代入该形式后，使得前提全部为真而结论却为假的情况。反之，如果该形式为无效论证，我们就应该可以找到某种情况使得前提全部为真而结论为假。只要找到出现这种情况的可能性，我们便找到了反例，就可以断定此论证形式为无效论证。然而需要注意的是，如果想不出反例也不能宣称反例不存在，因为可能存在但却想不出来。若要指出一个论证形式是有效论证，必须经由逻辑方法来证明。也就是说，“寻找反例”的方法是用来证明一个论证是无效论证的，但不能用来证明一个论证是有效论证。

然而上面那个论证形式是有效论证，所以我们不用去找反例。要证明该论证是有效论证可用逻辑规则 MP。现在让我们看看另一个论证形式：

前提（1）：$P \rightarrow Q$

前提（2）：Q

结论：P

符合这个论证形式的论证很多，例如：

前提（1）：如果小明中奖（P），则小明会买珍珠项链送小真（Q）。

前提（2）：小明的确买了珍珠项链送小真（Q）。

结论：所以，小明中奖了（P）。

这个论证中的前提和结论或许都是真的，但是当我们要衡量一个论证是否有效时，我们可以忽略其内容而只看其推论形式。无效的推论形式也可能碰巧推出真的结论，有效的推论形式则一定能从真的前提推出真的结论。所以如果我们要衡量这个论证是否有效，只要找出其他可能的例子使其前提全真而结论为假即可。简言之，只要反例存在，则论证必然无效。反例如下：

前提（1）：如果小王去火星（P），则小玉会很高兴（Q）。

前提（2）：现在小玉很高兴（Q）。

结论：因此，小王去了火星（P）。

在这个例子中，很明显可以看出，即使前提都是真的，结论也很可能是假的。让小玉很高兴的可能性有很多，但不太可能是因为小王去了火星。也就是说，这个论证形式有可能出现前提全真而结论为假的情况。这个反例的存在让我们看到了这种可能性。因此我们可以确定，这个论证是无效的。也就是说，这是一个错误推论，只要是采用这种论证形式的论证都是无效论证。

在日常生活中，你可以把自己所做的推理中的前提与结论找出来，将之转化为论证形式，然后试试看能不能以逻辑规则推出，或是找找看是否存在反例，以此衡量自己推理的可信度。由于找到反例可以让自己明确一个推理是错的，或者一个主张是有问题的，那么如果寻找反例的能力增强了，自然也同时提升了查错神经的敏感程度。

尤其是在寻找隐藏前提与反例两个能力合并之后，其敏感程度会大增。在前几节谈到的几个隐藏前提之中，诸如“老师的子女都不笨”、“不健康的行为都应该戒掉”或是“开名车的人家里都很有钱”等，我们都能找到反例。例如，许多老师的子女很笨，而喝可乐吃薯条都不健康，是不是都要戒掉呢？帮有钱人开车的司机或是省吃俭用只为买名车的人是不是一定很富有呢？这些有反例的隐藏前提通常是整个推理的问题所在。当其被隐藏起来时，推理乍听之下会有一定的说服力，只有在提升查错神经的敏感度之后，我们才会在听到的瞬间就产生一种怪怪的感觉。抓着这个感觉去思考，我们就可能发现其问题所在。

练习题：寻找反例。

1. 由于毒品会使人上瘾且难以自拔，毒品应该被严格禁止。

分析：这个论证的前提是“毒品会使人上瘾且难以自拔”，而结论是“毒品应该被严格禁止”。这个论证需要一个隐藏前提“会使人上瘾且难以自拔的东西应该被严格禁止”，加上这个隐藏前提之后就成了有效论证。但是这个隐藏前提的主张却是可以找出反例的，例如，“香烟会使人上瘾且难以自拔，所以应该被严格禁止”。这个反例能够弱化这个主张，但会有许多人主张香烟的确也应该严格禁止，因此这个反例的威力不够大。那么，我们可以再给一个反例：“可乐和在线游戏都会使人上瘾且难以自拔，所以应该被严格禁止”。这两个反例的威力可能就更大了，如果还是不能让主张者低头，我们还可以再来一个威力更大的：“当志愿者帮助别人会使人上瘾且难以自拔，所以应该被严格禁止”。从这个反例应该就可以看出，这个主张是有问题的。问题在于这个使人上瘾的东西是否有危害，就算有危害，究竟有多大的危害。由于毒品的危害很大，大家都会同意应该严格禁止，但有时会忽略其原因，以为是因为上瘾而要严格禁止，由此可能误导大家认为那些会上瘾的行为都是不好的。

当我们找到这些反例之后就会发现，现今毒品的主要问题在于其危害程度很高，再加上其会使人上瘾就更糟了。但如果一个行为是好的，上瘾反而是件好事。很多科学研究者都沉醉于学术研究，许多爱好知识的人对于读书也是上瘾的。这些不但没有危害，反而是好事。

2. 战争造成无辜的人死亡，而造成无辜的人死亡是不好的，因此战争是不好的。

分析：这个论证曾经影响许多人在纽约街头抗议布什攻打伊拉克，而这个论证可以转化成一个MP的形式，我们可以将之改写成：

前提（1）：X造成无辜的人死亡。

前提（2）：如果X造成无辜的人死亡，则X是不好的。

结论：X是不好的。

由于这是一个MP形式，因此是一个有效论证，其论证形式是不会有反例的。但是第二个前提“造成无辜的人死亡是不好的”的意义应该是“所有造成无辜的人死亡的事物都是不好的”。这个前提就会有反例了，例如：“高速公路的存在让许多无辜的人死亡，因此建造高速公路是不好的”。也就是说，如果不建高速公路，就不会有无辜的人在高速公路上出车祸，因此建造高速公路是不好的。或许有人会认为这个反例不准确，因为即使人们不在高速公路上出车祸，也可能会在其他地方出车祸。但是由于其他公路车速较慢。所以出车祸后的死亡率较低。所以，高速公路确实有其特殊性。不过我们也可以把反例改成“建造公路让许多无辜的人死亡，因此建造公路是不好的”，以此类推。由此反例，我们便可以发现整个问题的症结并不在于X是否造成无辜的人死亡，而在于X的价值如何。如果X存在的意义能够大大抵消无辜的人死亡的后果，那么X的存在从总体上看就还是好的。

3. 如果一个理论是错误的，那么这个理论假设存在的事物都是不存在的。

分析：依据目前的科学观念来说，托勒密的一些天文学观点是错误的，但其所假设存在的地球、太阳以及星星却都是存在的。

4. 人类的感觉与情绪主要发生在大脑的边缘系统，而由于猫、狗的大脑也有边缘系统，所以我们可以合理地推知，猫、狗也有感觉与情绪。

分析：对于这种看法，我们可以找出类似的反例：人类的语言文法能力主要发生在大脑的新皮质，而猫、狗的大脑也有新皮质，所以我们可以合理地推知，猫、狗也有语言文法能力。

5. 虽然政府保证超市货架上的咖啡已经不存在之前发现的质量问题，但是小王还是很怕而不敢喝。但是当小玉想喝咖啡时，小王就跑去买给她。这时小玉很生气地说："自己不敢喝还拿给我喝，根本不把我的命当命看。"

分析：在小玉的推论中有个隐藏前提是"自己因为怕死而不敢做的事情让别人去做，就是不把别人的命当命看"。针对这个隐藏前提，反例是："我怕死不敢坐飞机，所以让别人去坐飞机就是不把别人的命当命看"。其他反例还有高空弹跳、登山、潜水、坐船、开车、骑车等，甚至在餐厅吃饭。只要有任何危险性的事情，也都可以作为反例。

6. 下雨天蚯蚓就会爬出来，刚刚看到地上有好多蚯蚓，一定是之前下过雨。

分析：这个论证的形式是从 $P \to Q$ 推出 $Q \to P$，或者说是从 $P \to Q$ 与 Q 推出 P，而这是一个形式谬误。我们可以用相同的形式制造出一个前提明显为真而结论为假的论证，此论证就可以作为反例。例如："下雨天就会有人撑伞，刚刚看到有人撑伞，所以刚刚一定是下雨了"。这就很明显可能前提全真而结论为假了，因为在大太阳下撑伞的人非常多。

下面几题请自行练习。

7. 蚊子会吸人血，凡是会吸人血的都是不好的，因此蚊子是不好的。

8. 随地吐口香糖会造成环境破坏，所以随地吐口香糖是不道德的行为。

9. 堕胎是残杀生命，是可恶的行为。

10. 即使是在科技发达的今天，我们仍旧无法制造出人体的任何器官。可见，人不可能是自然生成的，一定是神创造的。

11. 昨天算命先生说："彩票中奖之前一定会做一个高空弹跳的梦。"我昨晚真的做了一个这样的梦，所以我要赶快去买彩票，我一定会中奖。

12. 黄老师："在美国只要有钱就能进名校，像我这种没钱的是不可能进名校的。"

四、谬误的综合分析

在通向高级查错神经的训练过程中，"谬误的综合分析"训练算是一个统合前面所有训练的最重要的部分。在这里，我们要应用前面所学到的所有技巧来针对一个说法或是一个论证进行彻底的分析。当然，并不是每一个技巧都一定会用到。之前所学的技巧都像是已经获得的工具，每一个分析技巧是不同的工具。当我们面对一个待分析的想法时，必须针对每一个步骤拿出适当的工具来分析。拿错了工具不仅对分析无益，还有可能把问题变得更为复杂混乱。所以如何在恰当的部位选择恰当的剖析工具，也是需要练习与注意的。

举一个例子来看。小王说："黄老师明明能够到待遇更好的国立大学，但却一直留在我们这个私立学校。他真是一个对学校很忠诚的人。"对于这个论证，我们有很多工具可以去剖析。第一个可以直接剖析的工具是，这个论证犯了"轻率联结因果"的谬误。因为一个老师一直留在一个学校未必是因为忠诚，说不定他真的很喜欢这个学校，或者他只是嫌换学校麻烦，等等。所以这样直接用一个合理的但轻率的因果关系来解释黄老师的行为，是犯了“轻率联结因果”的谬误。另外，这也算是“把合理当正确”的谬误，以及“妄下结论”的谬误。这样的分析方法是直接从谬误的角度来剖析的方法。

但是有时论证中的谬误没这么清楚，或者我们对谬误的洞察力不够。这时，我们可以先从论证的结构来分析。以上面小王的说法来看，其前提是：

前提（1）：黄老师能够到待遇更好的国立大学。

前提（2）：黄老师继续留在这个私立学校。

结论：黄老师对这个学校很忠诚。

这个论证显然是无效的，我们必须加进一些隐藏前提。针对这个论证，我们有许多不同的隐藏前提可以选择，例如：

隐藏前提 A：能到待遇更好的国立大学而不去，却继续留在原来的学校，原因是对原来的学校很忠诚。

这个隐藏前提大概就能够将小王的论证变成有效论证，而这个隐藏前提也很清楚地呈现出“轻率联结因果”的谬误。

另外，小王也可能有其他隐藏前提：

隐藏前提 B1：大多数的老师都会依据待遇好坏来选择学校。

隐藏前提 B2：不依据待遇选择学校的老师就一定是对学

校忠诚，或至少忠诚是主要因素。

在这组隐藏前提中也可以看出小王的论证里有“轻率联结因果”的谬误。因为隐藏前提B2里面的因果联结显然是有问题的，而且隐藏前提B1也有问题，大多数老师真的依据待遇来选择学校吗？事实上，这个说法是很有争议的。因为老师选择学校的因素除了待遇与忠诚之外，还有对该学校的喜好程度、同事的关系、学校的名声、学校的位置等，这些都可以算是主张“老师选择学校是因为待遇与忠诚”的反例。因此当我们用这组隐藏前提来解读时，可能发现小王想法中更多的问题，也比较容易提出反例。当然，我们还可以找到其他不同的隐藏前提，但需要注意的是，它们是不是小王真正的隐藏前提还有待商榷，小心不要把合理当正确。说不定小王真正的隐藏前提很简单，可能只是因为有一天黄老师跟小王说他对这个学校很忠诚，所以不想离开。那么，我们上面的谬误分析与反例就都是错误的，是犯了“批评稻草人”的谬误。

这个例子或许不太适合用上面所谈的逻辑符号来分析，因为语句的结构较难转换成合适的命题。除非符号逻辑能力够强，否则当我们用逻辑符号去分析时，说不定会越弄越乱。

练习题：谬误的综合分析。

1. 小王一个人在喝闷酒。小陈看到后问他怎么了，小王说："最近我老婆小玉又开始对我冷淡了，她上次这样对我是因为她有了外遇，想不到现在又再来了一次。"

分析：小王的推理可能有三种不同的谬误。第一，他的推理很可能有一个隐藏前提："小玉一有外遇就会对我冷淡"。如果小王真有这个隐藏前提，那么他很可能犯了"以偏概全"的谬误。因为尽管之前小玉有一次因为外遇而表现冷淡，但不表示每次小玉有外遇时都会冷淡。第二，就算每次小玉有外遇时都会表现冷淡，也不能推理出小玉表现冷淡就是有外遇。这是从 P→Q 推出 Q→P 的肯定后件而肯定前件的形式谬误。如果这真是小王的推理方式，那么他就犯了这一谬误。第三，小玉冷淡的原因未必是外遇。小王的这一推理也可能是犯了"轻率联结因果"的谬误。

2. 前几年，王先生依据他发明的易经推算法成功预测出金融大海啸。现在王先生又依据易经推算法预测全球经济会在下个月开始复苏，所以现在正是最好的购买股票的时机。

分析：在上面这个推理中有一个隐藏的推论过程，也就是

从“依据易经推算法成功预测出金融大海啸”推出“易经推算法是正确的”。而这样的推论犯了一个形式谬误，即以结论为真推出前提为真的谬误。这个谬误之所以可以归类为一种形式谬误，是因为我们可以将这个推论改写成：“如果易经推算法是正确的，则可以正确预测出金融大海啸。由此前提推出，如果易经推算法可以正确预测出金融大海啸，则其为正确的”。这样的推理就是从 P→Q 推出 Q→P 的形态，因此这可以算是一种肯定后件而肯定前件的形式谬误的变形。

3. 小黄和小应有约。小应打电话给小黄说：“我参加完公司年会就可以去找你了。”小黄说：“那大概几点？”小应说：“最晚不会超过晚上九点半，因为去年也没超过晚上九点半。”小黄说：“好啊，那我等你。”晚上九点半时，小应又打电话给小黄：“结束了。看！我没说错吧，没超过九点半就结束了。”

分析：我们猜测小应可能有个隐藏的推论为“每年公司年会都会在晚上九点半以前结束”，因为必须有此假设才能得出“今年的公司年会会在晚上九点半以前结束”。而其主张这个隐藏推论的理由是“去年的公司年会在晚上九点半以前结束”，那么我们可以很清楚地看到这是一个“以偏概全”的谬误。另外，小应所说的“看！我没说错吧”还可能犯了以结论为真而肯定推理正确的形式谬误，但如果小应的“我没说错”指的是结论没错则无此谬误。

4. 小刘：“小陈昨天被车撞到送医院了，肇事者被测出喝了酒。”

阿呆：“唉，无论怎么倡导还是有人要酒后开车，撞到人后再后悔都没用了。”

分析：阿呆的推论中有个隐藏语意“车祸的主因是喝酒”。然而即使没有喝酒也可能会发生车祸，车祸的原因未必是喝酒，所以这是一个“轻率联结因果”的谬误。这样的谬误很容易发生，因为酒后开车的确很容易发生车祸，而且很多车祸也真的是喝酒造成的。也就是说，这是一个很合理而且准确度很高的推测，但无论如何其未必是事实。我们也可以说这是犯了“把合理当正确”的谬误。即使肇事者喝了酒，但说不定其酒量真的很好，而且开车非常小心，说不定是小陈违规乱跑造成自己被撞。我们可以说喝酒开车不对，也可以给肇事者开酒驾罚单，但不能因为这样就认定这个车祸一定是酒驾造成的。

5. 小王说：“我朋友的妈妈前几天检查出肠癌晚期。据他妈妈说，她前一阵子一直都有便秘的问题，每三四天才会排便一次，但是都没有特别去注意。”小黄听了说：“还好我排便正常。”

分析：在小黄的推理中，他的隐藏结论是“我没有肠癌”，而得出这个结论的隐藏推论很可能是“有便秘则有肠癌，所以排便正常（没便秘）则没有肠癌。因为我排便正常，所以我没有肠癌”。在这个隐藏推论中，一个隐藏前提“有便秘则有肠癌”是“以偏概全”的谬误，即以一个案例推广至全部。另外，另一个隐藏前提则是“排便正常（没便秘）则没有肠癌”。这个隐藏前提则是把第一个隐藏前提“有便秘则有肠癌”做了一个“否定前件则否定后件”（由 $P \rightarrow Q$ 导出 $-P \rightarrow -Q$）的错误推理而获得的。

6. 科学家发现习惯喝茶的人得心血管疾病的概率较低，因此为了预防心血管疾病，请大家养成喝茶的习惯。

分析：要获得此结论有个隐藏前提是“喝茶有减少心血管疾病的功效”。从“习惯喝茶的人得心血管疾病的概率较低”推论到“喝茶有减少心血管疾病的功效”，这个推论有“轻率联结因果”的谬误，即轻率地把统计上的关联变成因果上的关联。

实际的情况也可以是这样的：假设心境平和的人容易具有

喝茶的习惯（因果关联），且心境平和有助于减少心血管疾病（因果关联），那么统计数据就会呈现出喝茶的人得心血管疾病的概率较低，但实际上，喝茶和心血管疾病之间可能完全没有因果关联。

这个推论的结构为："因为有 X 习惯的人得 Y 病的概率较低，所以 X 习惯有减少 Y 病的功效"。针对这个结构，我们可以找到一个反例："因为有喝 XO 习惯的人得营养不良病的概率较低，所以喝 XO 的习惯有减少营养不良病的功效"。而事实上，有喝 XO 习惯的人通常较为富有，较为富有的人不太容易会有营养不良的问题。所以虽然"常喝 XO"和"不会营养不良"在统计上有关联，但其因果上可能完全没关系。

又如，一条新闻报道称："科学家发现睡眠习惯超过九小时的人得老年痴呆症的比例较高，因此睡眠过多导致记忆退化。"这也是"轻率联结因果"的谬误。统计上两者有关时，不一定就有因果关联。

7. 小玉："我养的那只小丑鱼死了，好难过啊。"

小王："别难过，我明天买十条送你。"

分析：在小王的回答中，我们可以猜测他有个隐藏前提："小玉之所以难过是因为失去了'一只小丑鱼'，而不是因为失去了‘那只小丑鱼’。因此，那只死去的小丑鱼是可以被其他小丑鱼取代的。”然而，小王的这个解读很可能犯了“轻率联结因果”的谬误。因为小玉之所以难过，更大的可能性是因为失去了“那一只”，而它是不能被取代的。因此，我们可以针对这个推论提出一个反例如下：

小玉：“隔壁的伯伯去世了，好难过啊。”

小王：“不用难过，我明天去聘请十个伯伯住到你家隔壁。”

8. 小王：“今天黄老师说，由于大脑的功能有限，思考能力增强的话，记忆力就会变差。我觉得蛮有道理的，尤其是我学哲学训练思考能力后记忆力真的慢慢变差了。”

小花：“才怪呢，我就认识很多记忆力很差的人思考能力也很差。”

分析：首先，我们必须确定的是，小王觉得黄老师的话有道理是否代表认为它是正确的。如果是的话，则犯了“把合理当正确”的谬误。如果只是觉得很合理但并没有当作是正确的，就没有这个问题。另外，当小王举自己的例子时，不知他的意图是用来“支持”还是用来“证明”黄老师的说法。如果只是支持则没有问题，但如果是证明则有“以偏概全”的谬误。

而小王将自己的记忆力变差归因于训练思考能力，这是一个“轻率联结因果”的谬误。比如，小王的记忆力变差也可能是某些病变造成的。而如果真是这样，上述错误的因果联结可能会延误其就医时间，甚至导致严重的后果。

至于小花，她的说法应该是要反驳黄老师提出的理论，也就是试图提出反例。但是小花的反例事实上不能反驳黄老师所说的“如果思考能力强则记忆力差”（假设其为 P→Q）。小花的反例“有人记忆力和思考能力都差”只能用来反驳“如果记忆力差则思考能力强”（Q→P）。所以我们推测小花有个隐藏推论由 P→Q 推出 Q→P，而这就犯了肯定后件而肯定前件的形式谬误。

9. 小曾除夕前一天回南方，南方长达两个星期的温暖天气就在这段时间里变冷了。小曾说：“天气变冷该不会是我的关系吧？”小曾的朋友小朱说：“少臭美了，这段时间回南方的少说也有一百万人，因为你回南方而变天的概率只有百万分之一而已。”那么，小曾和小朱谁犯了“轻率联结因果”的谬误，即轻率地将气候变化和某个人的行踪用因果关系联结起来？

分析：一种可能的解读是小朱犯了“轻率联结因果”的谬误而小曾没有。因为小曾是以疑问句来说的，他的确可以这样怀疑，所以并没有“轻率联结因果”。但我们可以认为小朱的话里藏有一个预设的隐藏语意：“南方天气变冷的确是由于某一个人回南方造成的”，因为必须要这样预设才能够算出百万分之一的数据。由于小朱必须加上这个隐藏前提才能推理出他说的那句话，而这个隐藏前提犯了“轻率联结因果”的谬误。因此我们可以说，小朱犯了这个谬误。

另一种可能的解读是小曾犯了“轻率联结因果”的谬误而小朱没有。我想大多数人在刚看到这个说法时比较倾向于这个解读。在这个解读中，小曾虽然使用的是问句，但实际上他的想法可能是肯定句，也就是说，他真的这么想才会这样问的。就像许多人用问句说“我有这么好吗?”或是“我真的像你说的这么美吗?”，实际上他的意思就是肯定的。在这样的解读下，小曾就犯了“轻率联结因果”的谬误。而小朱虽然计算出百万分之一，但我们可以不将其预设的隐藏前提解读成“南方天气变冷是某个人回南方引起的”，而解读成“就算南方天气变冷是某个人回南方引起的，这个人是小曾的概率也只有百万分之一。由于概率过低，所以几乎是不可能的事情”。如果这才是小朱想表达的意思，那么小朱便没有犯“轻率联结因果”的谬误。

10. 一个著名运动员动了肩膀手术。他的队友说：“别担心，我也动过一样的手术，动完手术比以前还要强。”

分析：他队友的说法可以有两种不同的解读，第一种解读是：“你动了和我一样的手术，我变强了，你也和我一样会变强。”实际上，我们知道在这样的手术后完全恢复的比例其实不高，这个队友以个人的例子来说明别人都会和他一样，这是犯了“以偏概全”的谬误。第二种解读是：“并不是动这个手术一定不能完全恢复，我就是一个活生生的反例，所以不用担心，你有可能会和我一样。”如果这才是这个队友的真正意思的话，那么他并没有犯任何谬误。

11. 小王：“陈先生真是个会自我反省的人。”

分析：对小王这句话可以有许多解读。其中之一是：“陈先生每次遇到需要自我反省的事情，都会自我反省。”在这个解读中，小王之所以这么认为，可能是因为他常常看到陈先生自我反省。如果是这样，小王就犯了“以偏概全”的谬误。其他解读还可能是：“陈先生具有会自我反省的习惯或者个性。”这样的解读牵涉的问题很多，在此不做进一步的分析。

12. 看看那些被杀的人的惨状，就知道不能废除死刑了。

分析：这是反对废除死刑的人常说的一个理由。如果死刑的存在目的是作为一种报复的话，这样的说法是行得通的。然而一个文明社会实际上却不该如此，死刑的存在应该是为了吓阻犯罪，而不是为了报复。从这个角度来看，被杀的人的惨状不应成为支持死刑存在的理由。这个理由可能是出于觉得被害人很可怜或是杀人者很可恶，因此主张不能废除死刑。如此一来，就成了诉诸怜悯或是诉诸仇恨的“不相干”的谬误。

针对这个说法，我们可以有反例如下：“去看看那些被货车撞死的行人的惨状，就知道应该禁止货车在路上跑了”，或是“去看看那些坠机现场的惨状，就知道应该禁止飞机继续载人了”。

下面几题请自行练习。

13. 小花又发生车祸了。小王问小花：“你超速了吗？”小花回答：“是啊。”小王说：“唉，又是超速惹的祸，十次车祸九次快。”

14. 小玉：“昨天内政部部长说经济情况比预期还糟，这导致了今天股市大崩盘。”

15. 小玉：“据说有人统计过，和尚和尼姑很少会有高血压的问题，所以我们改吃素吧。”

16. 近年来，黄老师常常生病又遇到很多不幸的事情。这让他感叹：“天将降大任于斯人也，必先苦其心志，劳其筋骨。”小玉没听懂：“这是什么意思啊？”小王说：“黄老师这是引用孟子的话。孟子说当上天要降下很大的任务给一个人的时候，就会先让他身心受苦。看来黄老师把自己比喻成孟子了。”小玉说：“他太自大了吧。”

17. 小王的爸爸王老先生最近血压很高。小王说：“该去看医生了，不然说不定会有意外。”王老先生却说：“不用啦，之前血压高的时候也没怎么样，现在也不会有事的，何况我平时还去庙里上香。”小王说：“之前许老先生在生病时也去庙里上香，还不是没用么。”王老先生说：“不虔诚当然没用啊。”

18. 在广播节目中，有名的理财专家郑老师说：“很会理财的人一定能够变成有钱人，所以学习理财是很重要的。”小玉听了，跟小王说：“原来我们没钱就是因为不会理财啊。”小王说：“别听他乱说，我就知道很多不会理财的人也很有钱。”

19. 小王：“黄老师说他最近在研究股市必胜法，他相信一定有必胜法则存在。”

小玉：“天下没有白吃的午餐，还是安安分分别想东想西的，到头来还不是一场空。”

20. 小绿做了一番政治评论后，小王说：“我读了黄老师写的关于查错神经的书之后就特别重视那种怪怪的感觉，因为当错误的推理出现时会有一种怪怪的感觉产生。刚刚我听你说话就有这种感觉，所以你应该是有推理上的错误。”

小绿说：“有错的话就指出来啊，指不出来就是没错。”

21. 小花跟小玉说：“找男朋友一定要找一个对女朋友很慷慨愿意花钱的。但是要小心，有时候男人在追女朋友时很愿意花钱，但追到后就变得很吝啬。判断方法是，如果一个男人在追女朋友时很慷慨，而且对其他朋友也是这样，那么他会改变的机会就比较小。”

小玉：“哪有啊，小王对朋友都很慷慨，对我就一直都很吝啬。”

22. 小王和小玉带着老万出去玩，老万吵着要吃烤香肠，小玉就说："吃了香肠就不能吃麦当劳了。"老万听了以后就忍住不吃。后来，小王带着大家去海边吃海鲜，老万就很不高兴地说："不是说没吃烤香肠就可以吃麦当劳吗?"小玉说："我没这样说啊。"

23. 有一天黄老师在系办公室说："批改考卷真累啊。"小王听了觉得很奇怪，就问："老师，你之前不是说过批改考卷很轻松吗?"黄老师："我说过吗?"小王："是啊，你上课时跟同学说批改学生论文很累，批改考卷轻松多了，所以你比较喜欢考试而不喜欢叫学生写论文。"

24. 有一天，小王把自行车停在一棵树下，下课后回来发现有蜘蛛在结网，于是小王哈哈大笑，说："真是笨蜘蛛，只要有点智力就知道不能在自行车上结网，可见蜘蛛是没有智力的。"

第5章　查错神经的继续提升

读者一路走到这个步骤已经算是很了不起了。这时日常生活中的大多数谬误大概都可以检查出来，至于是否真能分析清楚而且明确指出谬误来说服别人，则可能还需要更长时间的磨炼。这种清晰表达不是本书的目的，跟查错神经也没有直接关联，所以不在这里特别提供训练的方法。然而当我们希望查错神经超越高级程度而继续前进时，我们的确还有一些事情可做。

前几章对查错神经敏感度的提升训练主要侧重于检查错误推理，但是对错误前提或是错误解读的检查训练相对较少。也就是说，如果我们具有一个错误的知识，而且我们一直没去反思是如何获得这个知识的，并一直自然而然地使用它，那么在这个错误知识导致问题之前，我们大概都不会发现它有问题。

如果我们希望查错神经的敏感度能够继续提升，并且更为全面地发现错误，那么我们还有几个方向可以努力。

第一点当然就是经常性的反思。与人谈话，只要发现怪怪的地方或是自己和别人不同的想法，就要小心谨慎地重新思考自己为什么这么认为。这点不需要什么训练，但这是一种很重要的态度，即承认自己有可能具有错误想法。这样，我们就会自然地具有这样的态度。我想，读者读到这里应该已经自然而然会有这样的态度了。当有这样的态度后，只要常常督促自己反思，并且养成与人沟通想法的习惯，那么我们便可以从旁获得锻炼查错神经的契机，检查错误也可以借由别人之手来完成。

第二点则是对于提升思考能力的最大的困扰——情绪障碍。各种情绪障碍会蒙蔽我们的双眼，让我们看不到自己的问题所在。在日常生活中，我们会发现，无论是自己还是别人，要找出别人的谬误较为容易，但是要找出自己的谬误却很困难。因为有时自我保护的情绪机制开启时，我们会自动扭曲或是遮蔽我们的想法，以至于无法清楚地发现任何问题，甚至自我欺瞒而看不见事实真相。

第三点是本书一直在强调的，就是“误解”的避免。查错神经如何用来检查我们对他人的误解呢？误解是一个在日常生活中不断发生而且很难发现的问题，我们需要在这方面特别去防范。

第四点是要能够跳脱“思想框架”。这是一件非常困难的事情，我们在成长中逐渐接受各式各样的想法，然后将之当真。而且我们周围绝大多数的人都跟我们一样，将某些想法当作是理所当然的并建构出一套思想框架。然而，这种受到文化与风俗影响的想法有可能会发生改变。当下一代的成长环境有所改变而且形成不同的思想框架之后，代沟就出现了。不同代的人有着不同的思想框架，而且都视其为理所当然，因而思想几乎无法沟通。上一代可能会认为下一代破坏了良好的传统，而下一代可能会认为上一代食古不化。如果每个人都坚持自己是对的，就可能导致很大的冲突。其实，二者都只不过是被束缚在思想框架中无法脱身而已。当我们可以跳脱思想框架来省思之后，或许会觉得二者的坚持都是没有必要的。

当然，继续锻炼查错神经的可能的做法还有很多，例如扩展思想的深度、增加科学知识、更多地掌握与了解各种学科方法等。本书在这里不一一列举，主要针对上面几个与日常生活关系更为密切的方面来做更多的说明。

一、情绪障碍

当你阅读本书后，你可能会尝试在日常生活中指出某人的谬误。这时，你很可能会遇到令人很不愉快的事情，就是对方很不高兴，或是对方完全无法接受而跟你反驳，甚至跟你吵架。为什么呢？很简单，没有一个人喜欢被别人指出我们觉得很丢脸或很羞耻的事情，尤其是当我们自己都没有察觉它们时。那种突然的晴天霹雳导致难以接受的情绪，因此内心会自然而然产生反抗。自动推理机制马上会找出一个合理的理由来搪塞，借由“把合理当正确”的谬误的运作，我们便成功地说服自己这样的指责是错的。然后把注意力完全集中在反驳对方的说法上，力图找出对方的谬误，即使是一点点遣词造句的毛病也不会放过。

当我们发现别人是这样时，我们也可以反思自己是不是也有类似的思考机制。阅读本书后，我们或许已经知道思想产生谬误并不是一件丢脸的事情，因为在人类自然而然的思考中，会无可避免地出现谬误。而且我们也无须完全避免谬误的发生，只要在谬误出现的时候能够发现就可以了。因此当别人发现我们的谬误时，我们的情绪反弹可能不大，甚至可能会因此而感谢帮我们发现谬误的人。但是，对于其他事情呢？对于那些我们仍旧在意而且持有很强的负面评价的事物呢？我们会采取开放的态度吗？很难想象任何一个人在自然而然的成长中会形成这样的能力，除非内心早已修炼圣化，否则只要被指出在我们思想中具有某些人们持有强烈负面评价的事物，我们都会难以接受，而且自我否认的机制马上就会运作，因而难以在第一时间做出理性思考。在自我否认机制运作期间，我们会完全失去检查自己错误的能力，此时对内的查错神经会完全被抑制而无法起作用。

我想，想要在第一时间就能坦然地面对一切，并且理性地思考、判断自己是否有思考上的谬误，这实在是太难了，而且也可能关系到在大众面前的面子问题，所以我们大概没必要要求自己做到这点。当然，我们也同样不应要求别人在第一时间坦然面对我们给他指出的错误推理。但是，我们可以自我要求以及期望别人事后进行反思。等到夜深人静之时，我们打开内心并接受一切可能性，“无论我现在如何，如果我真的如此不堪，那么我希望从今以后不再如此”，或者“说不定这一切对我的指责只是误解造成的，那么只要找出误解，我就知道以后如何面对这样的指责了”。依据这样的心态，我想，我们克服情绪障碍的能力就会有所提升。而且当我们越来越能够坦然面对自己并且克服情绪障碍的时候，说不定有一天我们会发现，在第一时间坦然面对自己的一切并且持续地进行理性思考来省思自己，并不是一件绝对不可能的事情。

面对自我的时候大概是情绪障碍最强的时候。除此之外，面对我们喜欢的或是讨厌的事物时，也一样会有相当程度的情绪障碍。例如，诈骗集团往往利用别人情绪慌乱造成思考能力变差的情况来诈骗。他们会声称“你的小孩被我绑架了”，“你的账号被盗用了”，“法院要查封你的房子”或是“再不交钱就要断电话线了”，等等。当你听到这些让你情绪紧张或是害怕的字句时，你可能会在短时间里失去判断力，然后就任由对方摆布而损失惨重。这种情绪障碍跟前面那种自我保护而封闭沟通的心结不同。无论你有多紧张，只要查错神经发出警报，你通常就会被一种产生怀疑的怪怪的感觉拉回现实。这个理性的光芒照耀时，就仿佛黑暗的室内开启一扇窗户让外面的光线照进来一般，马上就会让你的思绪明朗起来。只要你能具备这样的能力，自然就会看出那是一个可笑的骗局。要避免这种类型的情绪障碍，最好的方法就是继续训练出一个敏锐的查错神经。

另外，我们对于自己喜欢的或是讨厌的朋友、明星、政治人物等也通常会有情绪障碍。我们会习惯性地思考我们讨厌的人的缺点，而习惯性地思考我们喜欢的人的优点。在这样的时候，即使思考有谬误出现也不太容易被发现。但如果我们很小心地预防这样的情况发生，平常思考时经常反思是否有错误推理，就会获得一些收效，尽管并不全面。例如，小绿认为美国的民主党是一个相对比较好的政党，共和党是比较差的，而小蓝则相反，所以他们很难沟通。如果他们表达了很确定的立场与主张，我们或许会说他们犯了“把合理当正确”的谬误或是“妄下结论”的谬误。但是为了避免这样的谬误，他们也可以改口说“我的想法是比较合理的”，那么由于合理的程度很难比较，我们可能也无法再找出什么谬误。由于认为某事“比较合理”可能完全取决于个人的情绪而非理性思考，因此这是完全无法沟通的情况。

为了避免这种问题，除了依据上面的谬误辨识的思考之外，我们还是可以找到一些线索来判断自己或他人是否存在这样的问题的。例如，“假设我讨厌的人通常都是被我认为很糟糕的人，但许多被我讨厌的人却跟其他人有不错的交情，而且被认为是不错的人”，那么，这就是一个不对称现象。这个不对称现象的出现可以让我们警觉，我们对他人的评价可能有问题，可能是主观感受影响了客观的判断。

训练克服各种情绪障碍的一个好办法是，想象自己目前很难接受的事情或是与自己意见相反的观点，并尝试去找出一个合理的理由来让自己在理智上认为其有一定的可信度。这样的练习很难有适合每个人的范例，必须依据自己的信念反其道而行之来练习。例如：

（1）如果你是某政治人物的支持者，请试想该政治人物事实上是非常自私而且通过权力获取许多个人利益的人。

（2）如果你非常讨厌别人吸烟，请找出一些理由使自己相信吸烟是一种很好的行为。反之，找出一些理由使自己相信吸烟是不好的行为。

（3）如果你喜欢某个人但你认为他不喜欢你，请试想其实他正暗恋着你。反之，试想某个你认为喜欢你的人事实上一点都不喜欢你。

这种训练常常都是很困难的。如果你是第一次做这种违反个人情绪的思考，你马上会发现情绪对人的主宰有多可怕。因为据我所知，多数人在做这样的思考时，大脑会在短时间内出现空白状态，思考完全停滞。你如果不信，不妨试试看。如果你没有出现这种情况，那么恭喜你，你可以比较容易克服情绪障碍。如果你出现了这种情况，那也恭喜你，因为你发现了一个思想中很大的问题，你即将克服它而使你的思想更加自由。然而如果你无论如何努力都无法超越那段空白，那么我建议你借由书写来辅助思考。一旦进入了空白状况，你就依据所写的推理重新冲破情绪障碍的最后防线。练习久了，你最终可能会发现你心中可以同时存在两条思路，情绪和理智思考可以同时存在。例如，如果你是一个公司老板，你一边在情绪上讨厌一个下属，另一边却仍旧理智地认为他是一个能力很强而可以委派重要任务的人。到了这样的程度，情绪障碍大致上就不会在日常生活中导致严重问题了。

二、避免误解

前文已经针对误解做了一些说明，而且特别提出了“错误解读”的谬误并加以讨论，但是误解在日常生活中经常出现而且难以预防，因此在这里我们还要再深入谈一下误解的问题。

举例来说，某大学老师跟一个漂亮的女学生说：“今天晚上要不要跟叔叔一起吃晚餐呢?”女大学生说：“可是我晚上想要看连续剧看到很晚，宿舍没电视，本来是要去同学家的。”大学老师说：“那就来我家看好了，看累了可以住我那边。”看到这段对话有何感想？大多数人看到这段话会觉得这位大学老师在勾引女学生，或者这位大学老师跟这位女学生之间可能有不正当的关系，但是也许事实恰恰就是字面表达的意思，即这位老师和女学生有亲属关系，老师是女学生的“叔叔”，所以这段谈话是很正常的。

在人与人的谈话中，我们用以把握他人想法的东西很多，除了语句之外，还有表情、肢体动作、谈话脉络、环境、音量等，但是我们主要还是用语句来沟通想法，本章也只针对语句的表达与理解来谈。

由于语句的根本目的在于沟通想法，因此一个句子的真正意义就是说话者内心想表达的东西。但是并非每个人的表达能力都很好，也并非每个想法都容易被句子所表达，有时说出的句子并不能真正传达说话者的想法，因而可能使得听者误解其意义。为了分析清楚这种状况，我们在此将句子表达的意义分为两种：一是句子的"主观意义"，也就是说话者试图通过该句子表达的想法；二是句子的"客观意义"，也就是句子本身所能传达的意思，亦即一个能精确把握语句意义的听者通过该句子本身所理解到的意义。

例如，小王说了一个句子 P："我在前面阶梯跌倒过一百多次。"这句话的精确意义就是"小王在前面阶梯跌倒过一百多次"，这是句子 P 的客观意义，一个单从字面去理解的听者会理解到这个意义。但是这个客观意义可能并不是小王真正想表达的，他想表达的可能是"天啊！我怎么这么倒霉，竟然在前面阶梯跌倒了很多次"，而这个意义我们就称为"主观意义"。

有时，语句的主客观意义不同可以达成一些效果，如幽默、暗示、愤怒、讽刺等。善于如此操作语言的技巧可以被称为语言的艺术。然而当一个句子的主观意义与客观意义不同时，误解也很可能会发生。一个好的表达者应该尽可能地让自己说出的句子主观意义和客观意义相同，也就是说出比较精确的语言。除非听者对语言的理解力很差，或者不习惯从字面意义理解表达者的想法，否则误解就不容易发生。日常生活中，我们往往会说出一些不能真正表达自己思想的句子而造成误解，而且这种误解有时很难发现，尤其是当听者很客气地照单全收毫不质疑的时候。这时，我们往往遭到误解而不自知。

另外，在沟通中，一个好的听者应该尽可能精确地理解听到的句子的意义，也就是把握其客观意义，理解之后就将其当作说话者试图表达的主观意义。但是如果该句子的客观意义似乎有待商榷，那么听者必须试着寻找其真正的主观意义。因为沟通最重要的是接收说话者试图表达的意思，而不是比谁的语言能力更强。以上面的例子来说，当听者听到小王说出句子 P 时，首先应精确地理解该句子，但句子 P 似乎难以置信。听者应该怀疑小王说出的句子的主观意义不同于其客观意义，可能小王想借此表达其他想法。一个好的听者应该试着去寻找真正的主观意义，既可以通过自己的思考，也可以借由询问来了解。

又如，有一天小玉对小王说：“你是天下最可恶的人！”小王听到后非常沮丧，想不到他在小玉心中竟然这么差劲。这样的理解只把握了句子的客观意义而没有捕捉到其主观意义。如果小王因此很生气地说："我才不是呢!"那么他俩等于是鸡同鸭讲，完全在各说各话。小玉这句话的意义其实可能很简单，她想表达的想法是"我现在很生气"。指责别人是表达生气的常用方式。这种情况下，语句的客观意义被说话者忽略了，说话者可能完全没有试图表达该语句的客观意义。因此正确的沟通应该是小王说："对不起，让你生气了。"或者是："别再生气了，不然脸上可要长皱纹的啊。"这些回答都是针对语句的主观意义的响应。

阅读也是一样。我们阅读时除了必须掌握语句的客观意义之外，还必须探索是否有着和客观意义不同的主观意义存在。例如，哲学家德谟克利特主张"世界由原子所构成"。这种认识很惊人，因为这似乎是现代科学才发现的事实，一个数千年前的哲学家能够知道这个事实必然来自不可思议的力量，或许是外星人告诉他的。这样的理解就可能出问题了。因为德谟克利特心目中的原子和当今物理学所谓的原子有很大的差别。当今物理学的原子有着原子核，原子核由质子与中子组成，而围绕在外的是带负电的电子。如果德谟克利特心目中的原子是这种原子，那么我们只能说这是神迹了。但是如果我们仔细探寻其主观意义，我们会发现，他只是主张有不可分而且无法被感官觉察的原子存在。如果这是他的原子观，那么他说的那句“世界由原子所构成”的主观意义和当今的客观意义是不同的。只要我们掌握了其主观意义，我们会发现这样的说法可以出自想象力不错的古人，并不是神迹。

其实，语言的这种主客观意义的差别并不是什么新鲜事，大多数人都知道。但问题是，大多数人在谈话中还是会被语言的客观意义牵着走，忘记寻找语句背后所可能隐藏的主观意义。因此我们必须在日常生活中时时提醒自己，久而久之养成习惯，否则误解的可能性就会很高。

当我们发现连语言的表达都可能造成误解时，我们可以进一步想到，其他表达方式所造成的误解概率更大。当一个人以不太好的口气跟你说话时，这个人不见得是对你有什么反感，就像我突然发现今天我和平时不一样，我说话的口气显得比平时不耐烦。原因是什么呢？如果没跟你说你根本不可能想到，是因为我扭到脖子了，所以不想说话。

所以当你对某个人的某一天或某一刻的谈话或表现很不以为然时，别太快下任何结论，因为误解的可能性实在非常之大。

三、跳脱思想框架

在日常生活中可能面临的各种错误思考当中，查错神经最难发现的就是由各种思想框架所构成的想法。这些想法大都没什么根据，但却是在日常生活中一点一滴慢慢累积而成的习惯性思考。

举例来说，如果我们问一个问题："黑人和白人哪一种人的决策能力和理财能力较强？"当面对这个问题时，可能大多数人可以发现这是一个由"不相干"的谬误所形成的问题。因为依据目前所知来说，决策能力与理财能力跟种族没有关联，而跟所受的教育与个人特质的关联较大。但是我们把问题换一下，如果今天你是公司董事长，而公司遇到很大的危难，你需要决策能力与理财能力都很强的人来帮忙，而目前在此领域有两个世界知名的人士被推荐，一个是白人，一个是黑人，你会比较信任哪一个人？在这种情况下，我们大都会选择白人。为什么呢？其实没有什么好理由，我们单纯是受了思想框架的影响而做出这样的判断。

由于我们在实际生活中大概并不认识多少黑人与白人，所以我们对他们的印象大多来自传媒。传媒呈现的各种信息都在塑造我们对黑人与白人的印象，而这印象就在我们没有发觉的时候一点一滴而且自然而然地建构了一套思想框架。例如，我们对黑人的印象是运动能力很强，不管是NBA篮球明星还是奥运会运动员等，都包括数量众多的黑人。而在我们的思想框架中，运动能力很强的人大脑通常不太好，或者至少不会很有知识，所以这个运动能力强的印象会连带地让我们觉得黑人不怎么聪明。另外，在我们看到的很多电影中，学者的角色大都是白人。他们看上去很有智慧和权威，会让我们自然而然地认为白人很有学问、处理事情的能力很强。这样的思想框架就会让我们形成一种认为白人更适合处理财经事务的直觉。

由于这种思想框架是在不知不觉的情况下渐渐形成的，因此在大多数的时候，我们并不会意识到它的存在，而在思考时，这个思想框架就会自动起作用。如果我们没有格外小心地反思为什么自己这么认为，就不可能发现自己正在采用一些由不当的思想框架形成的想法。而且由于我们周围的人通常会具有跟我们类似的思想框架，所以我们的思考也比较容易被周围的人所支持。这样，我们就更不容易发现问题所在了。

思想框架所形成的想法未必全是不当的想法，有些只不过是大家习以为常的观念，但这些观念有时会导致不当的后果。以男女朋友关系的思想框架来说，当小王和小玉还没开始交往时，有一天小王说可以顺路开车送小玉回家，小玉很高兴。虽然小王到达约定地点时晚了十分钟，但小玉一点都不在意，因为“朋友愿意顺路载你，你就应该很高兴了”。过了一些日子，小王和小玉开始交往了。有一天，小王不顺道但却也提议要载小玉回家，小玉很高兴，但是小王却又迟到了十分钟。这时，小玉就很生气地想：“这个男朋友根本没诚意。”

为什么当普通朋友和当男朋友的待遇有这样大的差别呢？答案也很简单，因为“朋友”和“男朋友”是依据不同的思想框架来对待的。我们对“普通朋友”与“男女朋友”有不同的思想框架，其中有不同的衡量标准。当我们依据这样的衡量标准判断事物时，就可能产生这种有点荒谬的结果。但是由于在日常生活中，我们的文化与环境自然而然地让我们建构起这样的思想框架，因此大家都习惯性地接受这样的标准，那么我们就会认为这很自然而一点也不奇怪了。

但是，许多类似这样的想法却是不合情理的。如果我们可以跳脱出来重新反思一下，或许可以减少很多的冲突与不愉快的感觉，让生活多一些弹性，而不要使自己成为一个单纯受制于整个社会文化思想框架的人。

读者在阅读本书时，大概很难接受小王与小玉的儿子名字叫作老万吧。这样的符号使用让我们产生很怪异的感觉，而这种怪异感也是来自于思想框架的作用。当你第一次看到这个用法时，你可能会被这种怪异感引导去思考，然后你会发现，其实“小王和小玉的儿子叫作老万”这件事虽然有点怪异，但是完全没有任何问题。因为外号通常是别人取的，老万的同学叫他“老万”好像也没什么不可以。但是就算你这么想了，整本书读下去，你每次看到还是会觉得怪异、不舒服。从这个例子就可以看出，要突破这种长年累积下来的思想框架有多么困难，不仅仅是看到问题就可以了，更需要一点一滴去慢慢改变。

换一个例子来看。我们没有人见过鬼，而且也都认为电影与小说中关于鬼的任何描述都是虚构的。但是尽管如此，我们还是建构了关于“鬼”的思想框架，例如，“鬼会出现在夜深人静的深山之中”。这样的想法可以说完全没有任何根据，但是却深深地随着思想框架黏附在我们的思考中。即使你告诉自己这是错的，当你独自一人在月黑风高的深山里迷路时，你还是会不由自主地怀疑鬼要出现了。你甚至可能不敢进入树林避风，因为那种阴森森的地方更可能有鬼存在。当你在山中迷路遇到危难时，还得不由自主地在这种几乎没有意义的问题上耗损大量精神与注意力，这会增加危险发生的概率。这种思想框架可以说是没有什么好处的。在日常生活中，我们可以将自己的思想框架一个一个地找出来认真反思，以免在无意间受到不当的干扰与误导。

“思想框架”这个词是一种日常语言式的叫法，比较精确的名称应该是“概念框架”。“概念”就是一个语词所代表的意义，这个语词的意义跟其他语词的意义互相关涉而形成一个框架。当一个概念框架形成时，我们的思考就会自然而然地依据概念框架来进行。一般说来，如果没有概念框架，我们可能根本无法思考，因此概念框架对思考是必要的。我们也并不是要破除所有概念框架，而是像对付谬误一般，我们至少要能够看见自己的思考是依据什么样的概念框架。而且必须知道的一点是，概念框架的运作会让我们对自己的想法很笃定，但是如果我们反思一个概念框架的形成过程，可能会发现我们其实不该这么坚持这些想法。这样的话，这就有利于我们发现一个想法有问题的地方而提高查错神经的敏感度了。

后　记

在阅读本书的过程中，读者可能会发现一些谬误。这些谬误有的是笔者故意留下的，希望能让读者自行寻找。例如，在第 2 章的“‘废话’谬误”中，我说：“日常生活中任何事情都是有可能的。”此处太过武断，犯了“妄下结论”的谬误，因为实际上的确有些事情是绝对不可能的。而在第 2 章的开篇，我说：“每一个人在日常生活中不知曾经有过多少对别人的误解，有些或许事后解开了，但那些没有解开的事情必然更多，至少应该有十倍以上。”这里的“十倍”推论有“诉诸无知”的谬误之嫌。而在“‘错误解读’的谬误”的第三个练习题的分析中，我说：“听说警察开罚单的业绩压力还挺大的，这样看来，这种猜测的可能性就很大了。”这里把传言当作事实，是一种“把合理当正确”的谬误。而在“‘不当模拟’的谬误”

中，我举出被鹅啄的例子，并且说“被鹅啄并不疼”，但事实上，我只有一次被鹅啄的经历。在没有吸纳任何其他相关经验的情况下，凭借一次的经验就做出这种全称型的推理，这就犯了“以偏概全”的谬误。诸如此类，请读者在阅读时也小心谨慎地寻找谬误，来提升查错神经的敏感度。当然，不排除有些是我没发现的谬误。

另外，也有些谬误是为了其他目的而存在的。例如，在第1章我做了一个推理，得出的结论是“这些对自己的思考很有信心的人的思考过程全是错误的”。实际上这个推理的问题很多，但是对于查错神经尚未开发的人来说，它的说服力应该够了。推出这一结论是希望能够增加读者训练查错神经的动力，我想这是有帮助的。等到读者的查错神经达到高级水平时，再回头去看这个论证，就会发现里面有一些推理的问题了。可见，类似这样的谬误在某些情况下会发挥不错的效用。所以在此再强调一次，有谬误并不丢脸，而且也不一定是坏事，但是如果有谬误而不自知就通常是一件坏事了。

和市面上其他谈论思考以及谬误的书籍比较起来，除了本书主要是以实用为主之外，最大的不同在于本书有大量的例子，而且这些例子很可能会出现在日常生活中且不易被人们察觉。光是阅读这些例子就会在相当程度上提升查错神经的敏感度了。由于这几年来开设批判性思考课程的需要，这些例子是多年积累的结果，其中包含了朋友的言论、学生的讨论等，最大的来源是我自己所犯的谬误。也正是因为我自己经常会犯各式各样的谬误，再加上我曾经受过长时间的思考训练，因此我推理出："任何一个人都会犯谬误，差别只在于是否能够检查出来而已。"这样的推理实际上也至少有个"以偏概全"的谬误，即根据我个人尽管受了长时间的思考训练还是经常犯谬误，推理出别人也是如此，但说不定我和别人不同，说不定别人不太容易犯谬误。如果真是如此，那么这样的巧合正好让我适合来写这样的书籍，因为我常犯谬误而又有能力检查到相当数量的谬误，如此一来，我自然而然就能举出大量例子供大家参考了。无论如何，我希望这本书对于读者锻炼查错神经有所帮助，这样多年的努力就算有了不错的回报了。

图书在版编目（CIP）数据

可笑的思维谬误：批判性思考与查错神经/冀剑制著．—北京：中国人民大学出版社，2013.10
ISBN 978-7-300-18179-0

Ⅰ.①可… Ⅱ.①冀… Ⅲ.①逻辑思维-通俗读物 Ⅳ.①B804.1-49

中国版本图书馆 CIP 数据核字（2013）第 236393 号

可笑的思维谬误：批判性思考与查错神经
冀剑制　著
kexiao de Siwei Miuwu：Pipanxing Sikao yu Chacuo Shenjing

出版发行	中国人民大学出版社		
社　　址	北京中关村大街 31 号	**邮政编码**	100080
电　　话	010－62511242（总编室）		010－62511398（质管部）
	010－82501766（邮购部）		010－62514148（门市部）
	010－62515195（发行公司）		010－62515275（盗版举报）
网　　址	http://www.crup.com.cn		
	http://www.ttrnet.com(人大教研网)		
经　　销	新华书店		
印　　刷	北京中印联印务有限公司		
规　　格	135 mm×190 mm　32 开本	**版　　次**	2013 年 12 月第 1 版
印　　张	8.375	**印　　次**	2013 年 12 月第 1 次印刷
字　　数	134 000	**定　　价**	28.00 元